我能拯救地球

主编 /赵敏舒

50件简单易行的环保小事

天津科学技术出版社

图书在版编目（CIP）数据
50件简单易行的环保小事 / 赵敏舒主编. -- 天津：
天津科学技术出版社，2010.12
（我能拯救地球）
ISBN 978-7-5308-5992-6

I. ①5… II. ①赵… III. ①环境保护—青少年读物
IV. ①X-49

中国版本图书馆CIP数据核字（2010）第232403号

策划编辑：郑东红
责任编辑：张　跃
责任印制：王　莹

天津科学技术出版社出版
出版人：蔡　颢
天津市西康路35号　　邮编：300051
电话(022) 23332399 （编辑室）（022）23332393 （发行部）
网址：www.tjkjcbs.com.cn
新华书店经销
北京市北关闸印刷厂印刷

开本　787×1092　1/16　　印张　12　　字数　50 000
2011年1月第1版第1次印刷
定价：29.80元

前言 Preface

践行环保，从这一秒开始

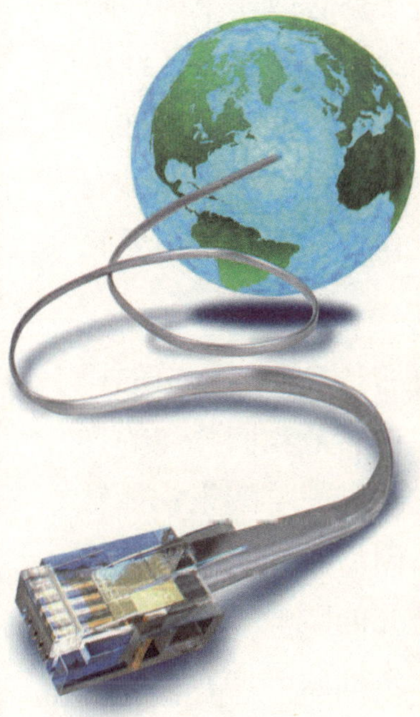

告急！告急！地球母亲告急，她已不堪重负，气喘吁吁了。

酸雨污染、温室效应、臭氧层破坏、土地沙漠化、森林面积锐减、物种灭绝、垃圾成灾、水土流失、大气污染、水资源短缺等等，一系列环境问题，让昔日一颗美好的蓝色星球如今已满面疮痍，伤痕累累了。环保与节能势在必行，你我他每个人都要积极行动起来，保护我们共同的家。不要认为环保是个大课题，一个人的力量微不足道，请记住：环保无小事，一切从我做起，每个人都是能拯救地球的其中一人。

有了使命感，我们还要了解自己应当怎样拯救地球。如何节约和回收各种能源？如何保护植物？如何保护动物？如何保护天空？如何阻止全球变暖？怎样的生活方式才能称得上“绿色生活”？自己平常无意间的哪些行为是不环保的，甚至还给环境造成了损害。上述所有问题的答案都在《我能拯救地球》中，它为每一个环保小卫士指明了道路。丛书共分 10 册，

分门别类地从十个方面介绍我们可举手之劳尽行环保。节能环保，生活中的点点滴滴，举手之劳，尽力而为。我们是 24 小时环保主义者，肩负着拯救地球、延续文明的重任。

践行环保，从这一秒开始。环保的重要性，其实每个人都知道并且也支持，但就是行动上力度不够，其中原因诸多，但不外乎未养成习惯及从众心理作祟等。随着节约型社会的到来，节约，不只是经济行为，更是一种环保时尚。谁不节约谁可耻！我们有一千种理由保护环境，却没有一条理由破坏我们生存的家园，请不要轻置每一个行为。

很久以前的大自然是我们不知道的样子，很美；现在的大自然是我们熟悉的样子，但不亲切。希望某天一早醒来，能够再拥有那样一个只在雨后才能呼吸到的清新空气，远远的有鸟儿的啁啾，望尽远处近处，满眼的绿。未来社会的面貌取决于今天人们所做的一切，绿色环保之路任重道远。

目录

Contents

目录 Contents

为什么我们要提倡环保

近几年来，由于沙尘暴猖獗、地震活动频繁、海啸肆虐等问题，环境保护引起了全人类的关注。那究竟什么是环保？为什么我们要提倡环保呢？

地球已满目疮痍，请重视环保

1 什么是环保？

环保是环境保护的简称。所谓环境保护是利用环境科学的理论和方法，协调人类与环境的关系，解决各种问题，保护和改善环境的一切人类活动的总称。包括采取行政的、法律的、经济的、科学技术等多方面措施，合理地利用自然资源，防止环境污染和破坏，以求保持和发展生态平衡，扩大有用自然资源的再生产，保证人类社会的发展。环境保护大致包含三方面：

一是对自然环境的保护，就是对大地、水源、天空的保护，使地球更加适合人类生存、生活。

二是对人类生活、居住环境的保护，满足人类生活、工作、劳动等需要，需要我们在衣、食、住、行、玩等方方面面，都要符合科学、卫生、健康、绿色的要求。

三是对动物植物的保护，自然界里的野生动植物，不仅直接或间接为人们提供了大量产品，满足了人类生存和社会发展过程中的物质、文化需要，而且是人类赖以生存的自然环境中不可缺少的组成部分。因此，对动植物的保护势在必行。

绿色出行

动物需要我们的保护

作为我们人类来说，我们对于居住、生活环境的保护，就是间接或直接地保护了自然环境，相反我们破坏了居住、生活的环境，就会直接或间接地破坏自然环境。

2 我们为什么要提倡环保？

为什么我们要呼吁同学保护环境，提高环保意识呢？

近几十年来，由于人口急增，工业迅速发展，呼吸产生的二氧化碳及汽车排放、空调使用、煤炭（石油、天然气）燃烧等产生的二氧化碳，再加上大量树木被乱伐、植被被破坏，减少了将二氧化碳转化为有机物的条件，使大气中的二氧化碳含量逐年增加，从而导致全球变暖。全球变暖引起一系列的环境问题。一是地球上的病虫害增加。二是海平面上升。据科学家预测：如果地球表面温度的升高按现在的速度继续发展，到2050年全球温度将上升2℃～4℃，南北极地冰山将大幅度融化，导致海平面大大上升，一些岛屿国家和沿海城市将淹于水中，其中包括几个著名的国际大城市：纽约、上海、东京和悉尼。三是气候反常，海洋风暴增多，比如印度洋海啸、四川汶川地震等。四是土地干旱，沙漠化面积增大。2010年3月，新疆、内蒙古、青海、甘肃、宁夏、陕西、山西、河北、北京、天津、山东、河南、江苏、安徽、湖北、四川等16个省均受沙尘暴天气严重影响，而且此次沙尘暴不仅席卷了韩国全境和日本大部，造成大面积机场停航，甚至沙尘天气还影响到台湾、广州和香港等地，成为台湾25年来最严重的一次沙尘天气。

可见，提倡环保对于我们的紧迫性和重要性。因此，我们应当加强环保意识，共同支持环保。

植被破坏严重

海啸频繁出现

环保，节能

小知识

每年的6月5日被定为“世界环境日”。主要是各国政府通过各种活动，宣传与强调保护和改善人类环境的重要性。2010年“世界环境日”的主题就是：低碳减排，绿色生活。

绿色生活

环保从我们生活中的小事做起

近几年来，随着人类对环境的污染和破坏，环境似乎开始对人类进行反击。地球变暖、南北极的冰迅速融化、物种的灭绝、沙尘天气增多，以及我国西南地区百年难遇的特大干旱等等自然灾难接踵而来，难道这些仅仅是种巧合吗？还是环境在“报复”人类？防止环境进一步污染与恶化，是人类共同的责任，我们青少年是未来的主人，保护环境更应该责无旁贷。

作为有责任的青少年，我们不但要有环保意识，而且还要通过实际行动，从身边的小事做起，改变生活方式和生活理念，进而改善我们生活的环境，还地球家园一片纯净的天空。

提倡环保，同学们应当做到的身边的小事：

1.环保活动多参加，向身边人宣传环保意识，既为环保作贡献，又能锻炼个人能力。

2.节制上网时间，既环保节能，又有益身心健康。

3.不吸烟，健康又环保。

4.少吃口香糖，遵守社会公德。

5.过节送祝福，不送纸质卡，救树又环保。

6.废弃纸张反着用，把草稿纸写满，既节约成本又环保。

7.必要时才影印笔记，减少耗用纸张。

8.随身携带手帕，不使用卫生纸，卫生又环保。

9.尽量多走路、骑脚踏车、搭乘公交车，少乘私家车，环保又健康。

10.少使用电梯，多走走楼梯，既能锻炼身体，又节能。

11.少买衣服，多穿旧衣服，既节约资金，又避免资源浪费。

12.回收废旧电池、金属、塑料、玻璃，充分利用有限资源。

污染地球毁灭自己

13.垃圾要分类，送废纸、铝罐、铁罐、塑胶罐等去再生。

14.拒绝过分包装，减少垃圾产生。

15.少用塑料袋购物，自备购物袋，既经济实用，又避免浪费。

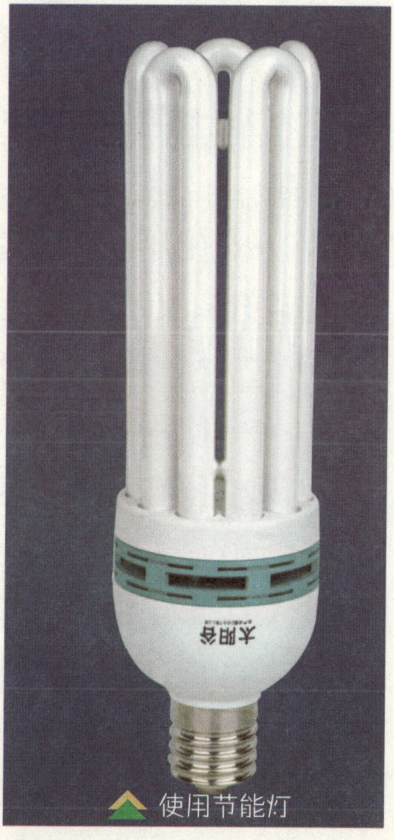

使用节能灯

16.少买瓶装水，喝烧开的自来水。

17.少用木杆铅笔，多用自动铅笔。

18.拒绝使用一次性筷子。

19.环保餐盒随时带，少用“白色”餐具，既节能又减少白色污染。

20.自备水壶，少用一次性杯子。

21.尽量用密封盒或瓶装食物，减少消耗保鲜膜。

22.随手关灯，节约用电。

23.将白炽灯换成节能灯，既节能又环保。

24.远离手机，身心健康又环保节能。

多喝开水，少喝瓶装水

25.随手关闭电视、电脑电源，既延长使用寿命又节能。

26.使用空调需适度，且多开窗，少用电风扇、空调，有益健康又省钱，更保护环境。

27.尽量用蓄电池或可充电电池，少用普通电池。

28.使用节能型水龙头。

29.留心拧紧水龙头。

30.淘米用下的水浇花，洗衣下来的水冲洗厕所。

31.多用淋浴少用浴缸。

32.除了大件衣服，少使用洗衣机，储积一机的衣物才开洗衣机。

33.吃多少点多少，不浪费粮食又不污染环境。

34.多种植物，珍爱每棵树，净化空气。

用手帕取代纸巾

35.拒食野生动物、拒穿野兽毛皮制作的服装，保护动物、农业生态，有益身体健康。

36.保护动物、不虐待动物。

37.不制作购买动、植物标本，参与保护动植物活动，保持生态平衡。

38.不滥烧物品、垃圾，净化空气很重要。

39.多吃当地当季的蔬菜瓜果，营养好，又可减少运输

合理搭配饮食

过程中所产生的二氧化碳。

40.举办文艺活动或舞会需要服装和装饰品靠租借，循环使用，不浪费。

41.不燃放烟花爆竹，既节约资源，又杜绝污染环境。

42.多用肥皂，少用洗涤剂，减少对环境的污染。

43.吃肉要适度，既健康又环保。

44.在室内、院内养花种草，减少二氧化碳等有害物质的产生。

45.旅游时不乱扔垃圾，既保持自我形象，又保持环境形象。

46.文物古迹要爱护，祖宗遗产永久传。

47.多开窗多打扫，用柠檬及炭等消除异味，代替化学空气清新剂。

48.圣诞节不用圣诞树。

49.交换、捐赠、改造多余物品。

50.认识环保标志、含义，选购绿色产品，环保又健康。

以上种种，虽然微不足道，但我们应坚信，小习惯也能影

少吃口香糖

多吃应季水果

响大环境。正如联合国环境大使珍·古道尔博士曾经说过："每个人都很重要，每个人都能发挥作用，每个人都能带来变化……"因此，从现在开始做起，从自己做起，从小事做起，携手保护我们的地球家园吧！环境自然会给人类应有的回报。

小知识

每年的4月22日定为"世界地球日"，地球已遭到严重破坏，保护地球资源、保护环境人人都应行动。

参与环保志愿活动——争当环保天使

近几年随着环境污染的日益严重，环保已成为一个全球关注的问题。我们青少年作为地球的一份子，为环保出一份力是不可推卸的责任。也许有些同学认为关心环保、参与环保只是政府、环保团体的事，自己还是一个未成年学生，与己无关。这种想法是错误的，因为每一个人的生活都离不开周围的环境，人人都有责任去保护环境，不做污染环境的事，积极参与环保志愿活动，争当环保宣传员。

沙尘暴天气困扰人们的生活

据了解，在美国，有49%的公民做过环保义务工作，随着我国政府、民众对环保意识的提高，组织倡导环保志愿活动的增多，我国也逐渐有了环保志愿者，学校也越来越多地组织学生参加环保志愿。

我环保，我快乐

我们青少年参与环保志愿活动，做好环保宣传员，应当做好以下几点：第一，应当明白环境保护的重要性，多学习环保知识，树立环保意识，做一个环保小天使；其次，应当明白环保、节能是每一个人都应该身体力行去做的事；第三，争当环保宣传小能手，让父母、亲戚、朋友、同学、邻居都来参与环保；第四，从环保小事做起，以身作则地去影响周围的人；第五，向身边的人宣传环保知识，提高他们的环保意识。

总之，参加环保志愿活动，参与环保宣传，对于改善环境、促进环境保护具有十分重要的作用。环境保护不但关系到我们的生存和发展，更关系到未来还能否拥有真正的绿色家园。如何才能拥有可持续发展的环境，为我们的下一代营造一个整洁、美观、有序、文明的生存发展环境呢？我们人人都应行动起来，爱护环境，保卫和改善我们的环境。

合理上网也能为环保作贡献

说到QQ聊天、网络游戏，同学们的血液开始沸腾，精神兴奋，但是有谁能将这些跟环保联系起来呢？实际上无节制地上网不但浪费资源，还污染环境，当然对同学们的身心也没好处。

合理上网

诚然，在网上，同学们能学到书本上学不到的知识，掌握不少实践经验，可是上网需要消耗电，上网的过程中还要产生热能，污染环境。有些同学对此可能会产生这样的疑问，我上网用的电量和产生的热量很不起眼，但是要知道一点一滴也能汇成江河。有人保守估算过一台普通的个人电脑，耗电量每小时大概在250瓦到400瓦之间，假如一台电脑每小时为300瓦，每个月的耗电量为300瓦×一天开10小时×一个月30天=90千瓦，即90度电。而如今全球的电脑台数相信已无法估计，这样算来耗电量大得惊人。另外，长期上网对同学们的身体也有害。

既然上网能有这么多弊端，我们是否就应该放弃使用电脑呢？当然不是，我们现代人已离不开电脑，因为它为我们生活提供不少方便。我们只能想办法让同学们既能运用电脑学习，还能为环保事业作贡献。下面就教你几招：

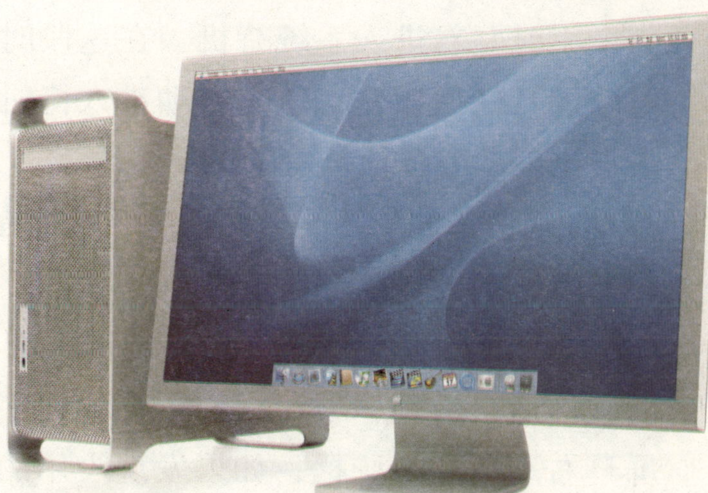

用电脑实现无纸化办公

1.不用电脑的时候，关掉电脑，彻底关闭电源或者拔下插头。因为很少有人知道，即便是在关机状态下，只要没有把电源插座拔掉，电脑也依然在消耗电量。

要定期给电脑"洗个澡"

2.如果只是暂时不用电脑，开开关关对电脑损害又大，那就给电脑做一些简单的设置，达到节电的目的。具体的说，你可以在屏幕左下角的"开始"菜单中依次选择"设置"→"控制面板"→"电源选项"→"系统待机"，一般来讲可以设在三十分钟到一个小时左右进入系统待机，在这段时间内，如果没有对电脑进行任何操作，就会自动进入待机状态，电脑的耗电量将比正常工作时大大降低。

3.换上节能的智能电源插座，它能在电脑开机或关机的时候减少不必要的耗电。

4.要养成定期整理清洁系统的习惯，对那些并不常用的软件做个清理，不让它们留在内存中。另外，经常检查屏幕右下角的系统栏，如果发现没用的图标出现，可以按ctrl+alt+del快捷键执行关闭，这也能达到省电目的。

5.定期清洁擦拭显示器，屏幕上的灰尘影响其亮度，机箱内灰尘过多，会影响电脑的散热。

6.不用音箱、摄像头时，请即时拔去，有利于降低电力消耗。

7.将显示屏调到省电又保护眼睛的状态。具体地说，你可以在桌面上右击选择“属性”→“设置”→“颜色质量”→“中16”。

8.尽量不要用电脑只是放音乐，因为电脑硬盘耗电，如果只用来听音乐，那就请你关闭显示器。

9.下载“省省看”等省电软件，自动通过帮助用户管理显示器、硬盘等耗电设备，节约用电，延长电脑寿命。把节省下来的电能用数字表示出来，折算出节约了多少树木和石油，让我们认识到节约电能不但可以降低能耗，而且还可以对生态环保作出贡献。

10.少玩网络游戏，游戏软件会让电脑产生很大的热

下班时应及时关闭电源

当用电脑听音乐时，最好关掉显示器

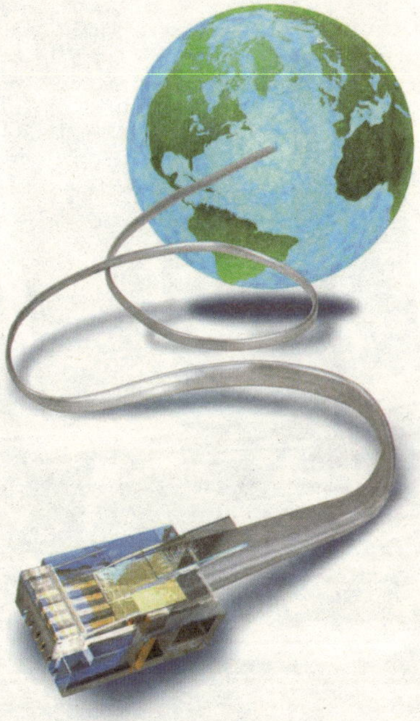

网络连接全世界

量，多做不会污染生态环境的游戏，比如打篮球、踢足球等，更有利青少年的身体发展。

11.当然有了节能环保的使用电脑方法，还需有一台节能的电脑。据了解台式显示器要比液晶显示器省电。

吸烟有害健康
还影响生态环保

据调查，我国目前有3.5亿烟民，占世界烟民的1/3，青少年人群的吸烟率为37.62%，人数高达500万，吸烟群体日趋扩大化、低龄化。而许多青少年明知吸烟有害，但由于好奇心理、从众心理、消遣心理也走上了吸烟的不归路。可是同学们知道吗？吸烟不但对身体有害（吸烟者得口腔癌、喉癌、食道癌、胃癌、膀胱癌等癌症的几率比不吸烟者高50%），而且众多的烟尘对大气同样造成极大的污染，乱扔丢弃的烟蒂、烟盒也污染环境。

伸出你的手，还地球一个蔚蓝

环保如水滴，一点一滴终能见成效

1 烟草在制作过程中对环境的影响

首先，烟草生长成期比许多农作物要长，约为半年，这对土地营养消耗量很大，其所需磷肥是咖啡豆的5.8倍，玉米的7.6倍，木薯的36倍。其次，烟草的加工需要用火烤，烘烤1千克烟叶要7.8千克木材，树木的砍伐则会造成水土流失。另外，制造香烟过程中还需消耗大量纸，也对环境造成污染。据统计，我国每年生产香烟会消耗大约10万吨纸，而20棵大树才生产1吨纸制品。如此算来，我国每年生产香烟所需的纸就要砍掉约200万棵大树，同时造纸又是高污染、高耗能的产业，它既需要大量的水，又会产生大量的污水。

2 吸烟是造成空气污染的重要污染源

吸烟所散发的烟雾中含有烟碱、二氧化氮、氢氰酸、丙烯醛、砷、铅、汞等有害物质。吸一根香烟要散出2000毫升烟雾，其中包含40多种致癌有毒物质。在通风不好的室内，如果有人吸两根香烟，则室内空气污染要高出室外污染20倍，这对吸烟者以及非吸烟者造成了极大的危害。如果非吸烟者长期受烟雾刺激，烟雾中含有的有毒物质会影响鼻、咽喉、气管、支气管及肺，造成这些器官的黏膜充血，分泌物增多，引起慢性咽炎、慢性支气管炎和肺气肿，且令发生哮喘的危险性增高。

4月22日是地球日，爱护地球，人人有责

3 吸烟产生了不可降解的垃圾，并且污染水源

烟蒂是不可降解的物质，如果随意丢弃将会对环境产生严重的影响。每个烟蒂的体积约为0.49立方厘米，按2005年我国卷烟消费量为19328亿支计算，将会产生94.7万立方米的不可降解烟蒂垃圾，严重污染环境。另一方面，被人们随意扔在路边的烟头最后被风吹进下水道，进而污染水源。

4 吸烟也是引起火灾的原因之一

乱丢未熄灭的烟头还会引起火灾，造成更为严重的环境后果。据统计，世界上20%的火灾是由于吸烟引起的，而在我国占6%，有些省市占15%以上，可见，吸烟引起火灾也会对环境带来一系列的问题。

由此可见，我们青少年应当不吸烟，主动戒烟。

人人争当环保宣传小卫士

小知识

每年的5月31日是“世界无烟日”，确定世界无烟日的目的在于提醒世人吸烟有害于健康，呼吁全世界吸烟者主动放弃吸烟，投身到反吸烟运动中去，为人类创造一个“无烟”的环境，享受健康人生。

戒烟

小小口香糖引来环保大麻烦

在电影中，同学们可能常看到电影中的主角边走边嚼口香糖的情节，许多年轻人认为它是一种很酷的表现，是一种时尚的代表，但是近年来，口香糖的名气却开始臭了。原因很简单：口香糖入口时爽口，可是许多人却忽略了嚼过之后的口香糖该如何处理，在随意轻轻一吐的同时，给环境带来了不少麻烦。

口香糖

我们正处于口香糖风靡全世界的时代，但是它引起的环境污染问题，也是各国环境卫生部门较为棘手的问题。曾有过关于口香糖是“黑膏药污染”的报道：黄金周过后，40万平方米的北京天安门广场就有60多万块被粘在地上的口香糖弄得污迹斑斑，为了清除这些口香糖残渣，北京市环卫部门投入近2000多人次，清理了将近一个月。据有关人士测算，清理一块口香糖残渣所需时间约为5~10分钟，成本约1元左右，而一个口香糖才0.2~0.3元。

为什么口香糖会成为环境污染杀手呢？因为，口香糖的主要成分是糖粉、糖浆以及胶基，前两者都是溶于水的，在口腔中咀嚼时会随着唾液慢慢溶化掉，所以经过人们咀嚼后吐出的主要是胶基。而胶基具有很强的黏合性，一旦被人嚼过之后随意扔掉，黏贴在地上、墙上等物体上，就难以清洗。同时，胶基的成分比较复杂，主要是橡胶和碳酸钙，这导致口香糖的残渣不易分解，将它埋在土里对土壤也有很大污染。另外，暴露在外的口香糖残渣也会传染疾病，影响人体健康。因为，口香糖残渣上本身可能黏满了细菌，细菌借助它来传播，如果粘在别人的脚底，也帮助细菌的传播。为了防止口香糖不再残害环境，国外一些城市开始制定法规来禁止人们在公共场合吃口香糖，虽然我国还没有对此采取什么措施，但我们作为一个环保人士，为了不让小小口香糖影响城市环境美观，污染我们的家园，我们应该做到以下几点：

1.对口香糖说“不”，至少在吃完口香糖后不要随意扔掉。

2.吃口香糖时留着包装纸，待吃完口香糖时把残渣用纸包起来，或者另外用纸包好后，再扔到垃圾桶里，既保持了环境清洁，又不会影响他人健康。

3.在购买和食用无包装纸的口香糖时，必须养成自备餐巾纸的好习惯。

4.用发传单、组织宣传活动等方式进行呼吁，经常提醒大家。

口香糖很不好清理

过节不送卡——时尚又环保

礼尚往来是中国人的习惯，在过节时更是如此，由此产生的贺卡是对资源的巨大浪费。据报道称，一位小学生在过年时，一次就买了几十张贺卡赠送同学，相信同学们也有过类似情况，但是你知道一张小小的贺卡也牵动着环保问题吗？

贺卡环保吗

环境也同样因贺卡的产生而遭受污染

统计数据表明，每制作500万张贺卡就要砍掉1000棵已生长10年的树木，若全国有1亿人送贺卡，每人送2张，就要砍掉4万棵树。而我国是资源很缺乏的国家，不容许如此浪费。

我国有森林1.75亿公顷，居世界第5位，但我国森林覆盖率仅为18.21%，居世界第130位，这其中还存在森林质量不高、林种单一、树龄低等问题。人均占有的森林蓄积量也很低，约8.5立方米，低于世界平均水平的27%，属于森林资源贫乏的国家之一。可是，树木对人类生存至关重要。树木可以吸收二氧化碳，释放出我们每时每刻都需要的氧气，树木同样可以美化环境，防止水土流失等作用。每年的洪灾和泥石流向我们警示：这就是浪费森林资源，乱砍滥伐森林导致的结果。

另外，大量的贺卡不但吞噬着宝贵的森林资源，还消

送祝福可以送电子贺卡

耗油墨，而生产贺卡纸、油墨产生的能量和废水又污染着我们美丽的湖泊、天空。

可试想一下，如果我国13亿人口每人每年都收到一张贺卡的话，那要砍掉多少棵树木呢？如果每人少送一张贺卡，那又能救多少棵树？其实，过节没有贺卡，我们也能交流感情，我们可以通过发电子邮件、短信等等方式送去祝福。或者像眼下许多学校提倡的绿色贺卡（即水果贺卡）送祝福，三个苹果、三个橙子，就能向六个同学送祝福，而每份“水果贺卡”的价格并也不比一张普通贺卡贵。如果选择这种方式送福，即为环保作贡献，还能送出别样祝福：送橙子就是送“诚心诚意”、送苹果就是送“平平安安”，送柠檬则代表纪念青涩岁月，以此表达对朋友的祝福。

因此，同学们，我们应该拒绝纸制贺卡，加入无纸卡片节日当中，过环保的节日。

In witness stated,
we declare here
with our getting sacred
in marriage.
Date
Place
Groom
Bride
Representative Witness
Written Oath of Marriage
結婚証明書

购买贺卡 = 滥砍树木

草稿纸上作环保“文章”

绿色的，环保的，即是快乐的

同学们都知道，纸是中国古代最伟大的发明之一，是我们不可缺少的东西，它可以很好地服务人类，但是纸并不是取之不尽，用之不竭的东西，因为纸主要来源于树木，来源于森林，如果浪费纸张，就是无意之中在砍伐树木，砍坏森林。

目前，全世界每年消耗纸张超过2亿吨，需砍伐大量树木。虽然树木是可再生资源，但是一年树谷，十年树木，漫漫十年长成的一棵树木，大约只能造1000张普通A4打印纸。我们读小学使用的课本，一年每人每套就要用掉一棵十岁左右的树，六年用六套课本，就要砍伐六棵十年大树。一个人尚且消耗如此之大，那一个年级，一个学校，一个国家呢？何况我们每人还要读初中、高中、大学，甚至还有研究生，我们一生得砍掉多少棵树啊！虽然，现代科学已发展到可以将废纸回收再制造成纸，但是同学们知道再生产过程会产生大量的有害废弃物吗？印刷过的纸回收再制造，必须经过一道脱墨过程，这时将会产生两种物质：一是不含油墨可以用来制纸的纤维，二是大量的淤泥。这两种物质都会污染环境。因此，我们在利用纸张为自身服务的同时也应当爱护纸张。同学们需做到的是：

1.应当加强类似“纸不是随手可弃的廉价物品”的环保

作业本尽量双面使用

意识，才能有节约用纸的行动。

2.双面使用纸张，作业本用后也能当草稿纸。如果双面

浪费纸张就是浪费森林资源

使用纸张，纸张的使用量减少一半，当然也就减少了一半的废纸产生。

3.零散的纸张装订起来，做草稿本。

4.草稿纸要写满，不要只写几个数字就扔掉。

5.废报纸、已写满字的作业本、草稿本也能练习写毛笔字和画画。

6.收集用过的草稿纸、旧作业本及试卷，送到废品收购站进行回收，收购站再送到造纸厂重新加工成可以使用的纸张。因为纸是利用树木作原料，经过一连串复杂的制作过程，制作出来的产品，如果不将纸加以回收，森林很快就会被砍伐殆尽。可是，我国的废纸回收率还不到

20%，因而每年都要进口废纸。即使回收也同样会面临环境问题。据报道称，回收1吨废纸能生产可使用纸张800千克，可以少砍17棵大树，节省3立方米的垃圾填埋空间，还可以节约一半以上的造纸能源，减少3%~5%的水污染。

滥砍滥伐

我们一生需要砍掉多少棵树才能满足我们的需求

总之，节约用纸就是保护树木，所以，我们应该从自我做起，从一点一滴的小事做起，节约每一张纸，充分发挥每一张纸的作用，这样可以减少树木的砍伐，保护地球生态平衡，使大地常青、绿水常流。

滥砍滥伐、污染等等环境问题成为无奈的现实

“拷贝”笔记要慎重

随着科学技术的发展，使用复印、打印技术来为人们工作、学业服务也越来越普遍。曾有预言家预言，电脑的使用将把纸张送进历史的陈列馆。人们对用纸的需求究竟是否因电脑网络技术的发展而减少呢？事实证明，电脑普及的现代并不是预言家预言的无纸化时代，而是一个纸张泛滥的时代。如今越来越多的学生也走进滥用纸张的队伍。临近期中、期末考试，许多平时疏于做课堂笔记的同

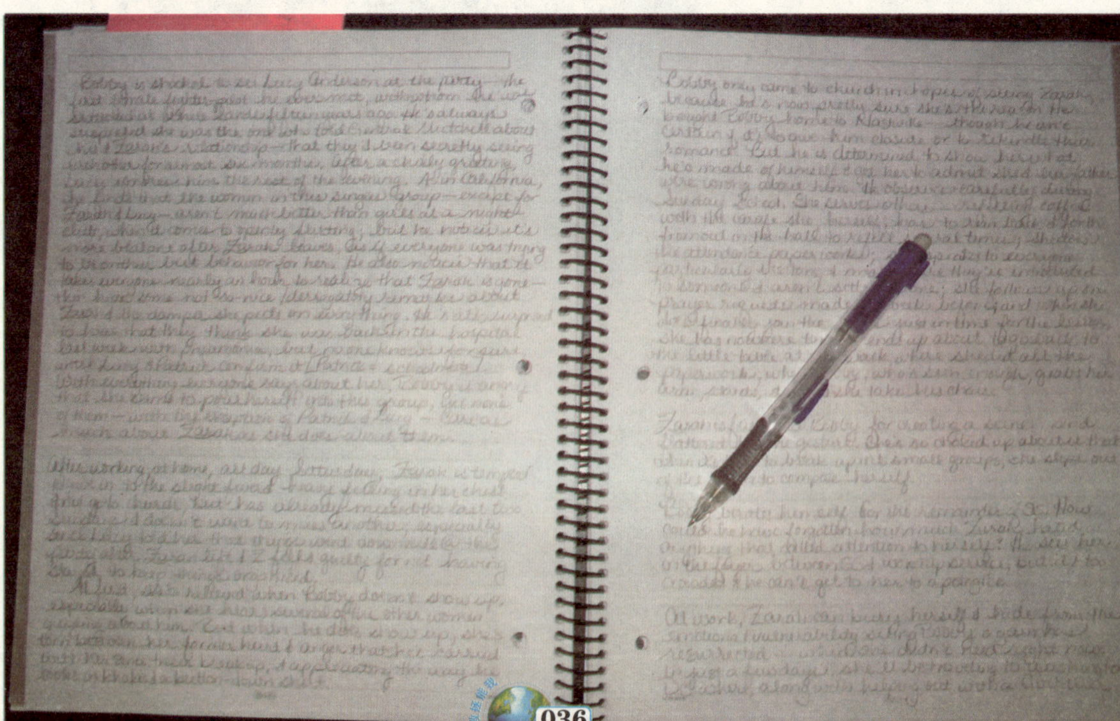

学就开始在复印店忙着，他们拿着借来的笔记和各种复习资料去“拷贝”，使得复印店的生意十分火爆。可是他们全然不知，他们正在破坏树木，污染环境。

森林资源有限，请节约用纸

纸的原料主要是植物纤维，原料中除含有纤维素、半纤维素、木素三大主要成分外，尚有其他含量较少的组分，如树脂、灰分、硫酸钠等辅助成分组成的。这些原料主要来自树木。然而，随着我国经济迅速发展，我国每年纸的生产量、使用量高速增长，生产量、消费量以年均13%~16%的速度递增。而造纸业导致环境问题亦十分严重。据统计，制造每吨纸需3.5吨木材、300吨水、1.5吨煤，同时带来300吨废水和大量废气。2003年全球制造了3亿3千万吨纸张，被砍伐树木为36亿3千万棵，摧毁了孕育万物的森林生态，折损了地球的呼吸器官。正当全球11亿人面对吃水困难时，我们不但随手丢弃用淡水制造的纸张，更把污水排入河流，当中含有由氯化物漂浆所产生的3000多种有机氯化物，使河流雪上加霜。而在造纸过程中，还会释放二氧化碳和二氧化硫等空气污染物，随风

节约用纸，回收纸张

回收废纸，节能环保

侵入人的身体。所以，为了树木不再大量减少，空气、大地不被污染，我们应该慎重使用复印机、打印机。在这方面，同学们应该做的是：

1.上课要养成勤做笔记的习惯。要认真听课，记好笔记，即使需借同学的笔记，也应当自己手写，这样既能达到练字的效果，还能锻炼自己的书写速度。

2.确有需要复印的学习材料，尽量双反面复印、打印。

3.打印、复印的资料可以当草稿纸、练习写毛笔字和画画充分利用。

4.对充分利用过的打印、复印纸张，收集回收废纸，送回工厂重新加工成可以使用的纸张。即使是没有空白的废纸也不要随便扔进垃圾桶，而是将其集中起来，送往废品收购站。

手帕随身带——绅士又环保

手帕是20世纪80年代以前的人们共同的童年记忆，那个年代的人们，个个都是环保人士，如今，手帕早已远离同学们这一代的生活，取而代之的是一张张白色纸巾、一节节卷纸。当一张张纸币、一节节卷纸被用掉，就意味着树木在一棵棵减少，森林在一片片消失，接下来的就是一片片绿洲变成了沙漠，人类的生存环境一天天恶化。

少用一张白纸，增添一片白云

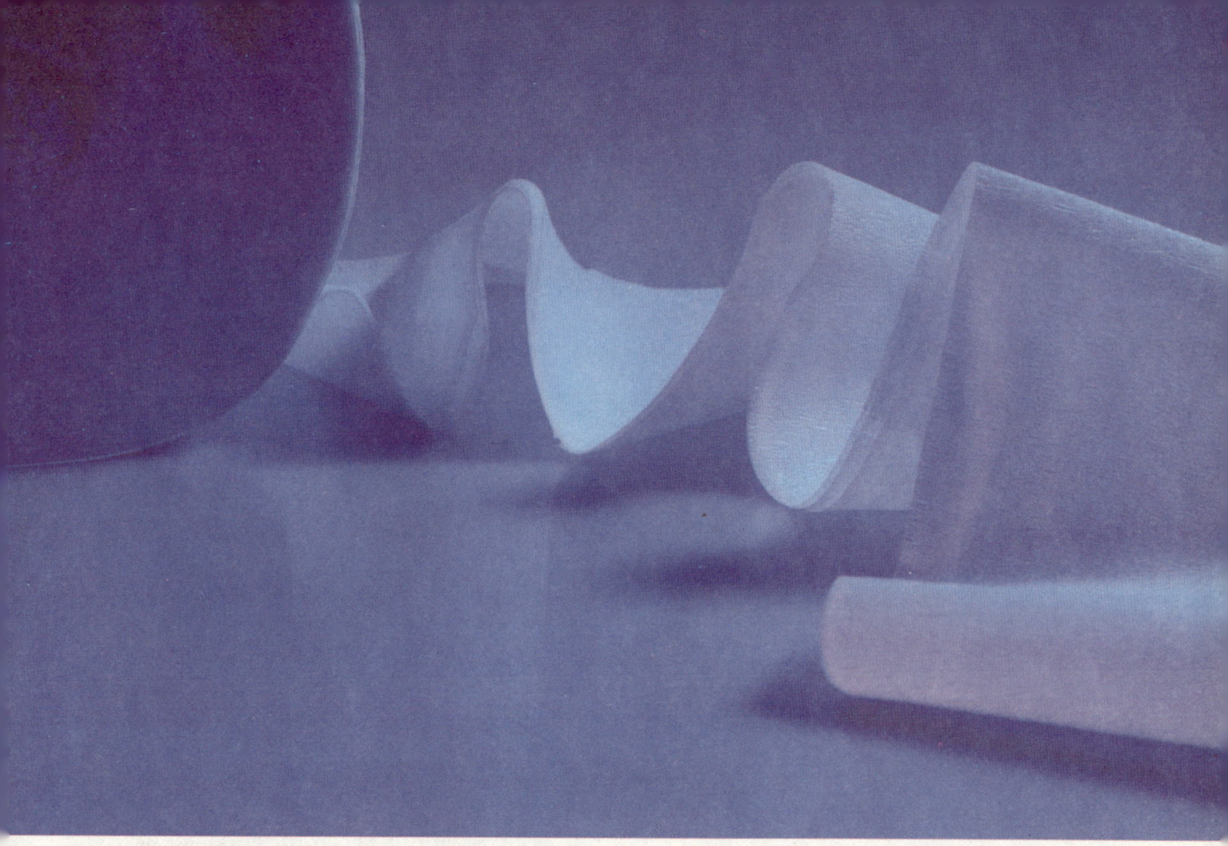

我们最常见的纸巾，也是环保的杀手之一

对于纸巾、卷纸和环保的关系，可能同学们从未过多的想过：随手抽张纸巾擦拭一下汗水就丢掉，或者未曾用过的纸币可随手抽出扔掉也在所不惜，可能从未想过最常见的纸巾就来源于树木，所以从未将看似微不足道的纸币与环保相联系，但是同学们知道吗？我们使用的每一张小小的纸巾、卷纸就是在不知不觉地毁坏树木，间接地破坏生态环境。

在日本，人们在日常生活中喜欢使用手帕而不用纸巾、卷纸，他们平均每人都有六、七条手帕，这是因为日本民众已意识到手帕关系到环保问题，当纸巾用完了就扔了，不但浪费资源，纸巾一旦被人随意丢弃，还造成环境再次污染。而手帕可循环使用，脏了洗洗可再用，虽然手帕要使用水，但水属于再生资源，通过技术处理后可以再次利用。可能有的同学会说，像这种纸巾、手帕之类的生活小事没必要小题大做，但就是这种小事却关系着人类生存，如果要对用手帕还是纸币这种小事深入了解之后，可能大家就不会再把它当成不值一提的小事来看待。

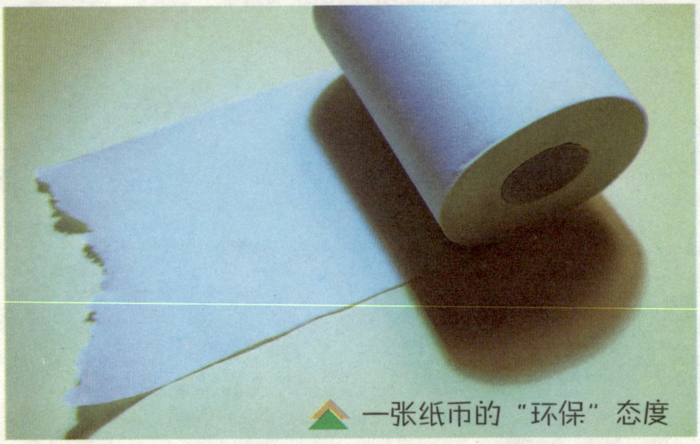

一张纸币的“环保”态度

造纸的原料主要有木材、芦苇、稻草、麦

森林资源需要我们保护

草、竹子等，其中最主要的就是木材。据了解，全国年造纸消耗木材1000万立方米，而我国的森林覆盖率只有世界平均的1/4，自20世纪50年代以来，森林以每年约1.6万公顷的速度消失着。如此看来，纸张的大量消费造成森林面积严重减少，并且还造成环境污染。因为生产纸币、卷纸需要用大量的水和一些化学药剂，而在造纸过程中又会将这些含有大量的的化学物质排出，产生废水，污染河流湖泊甚至地下水源（据了解，我国造纸行业所造成的污染占整个水域污染的30%以上）。

由此可见，从表面上看去，纸巾、手帕只是生活小事，实际上却关系着整个国家、地区乃至全球的环保大问题。因此，请同学重拾手帕，将其随身携带，时刻记住节约用纸，做一个环保小绅士。

保护环境，从手做起

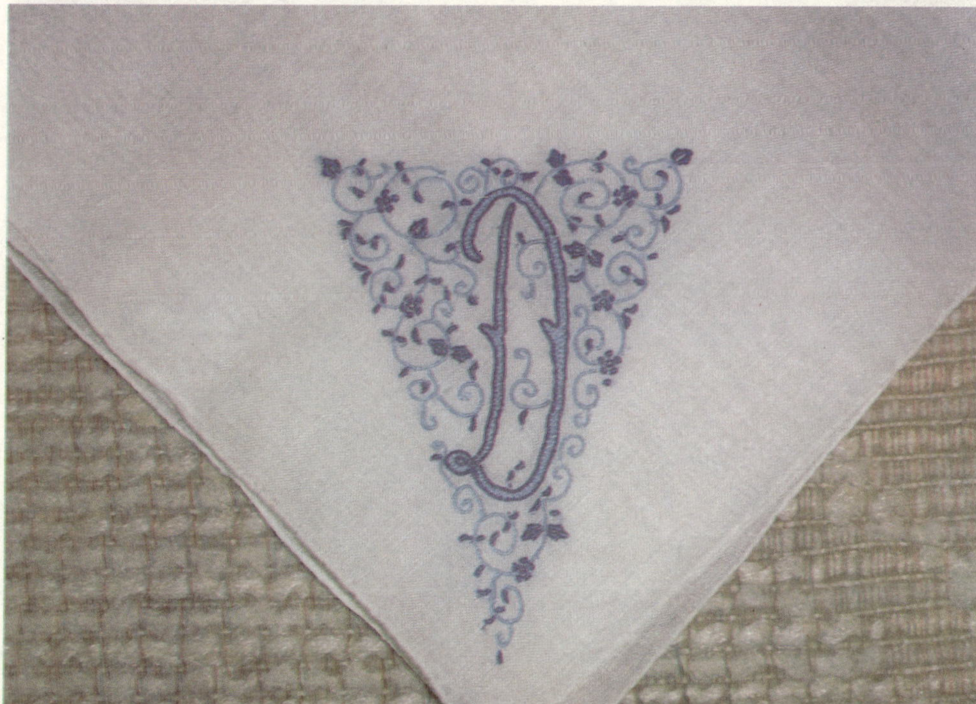

争做“公交族”、“自行车族”

相信很多同学家里都有私家车，很多同学上学也主要乘坐私家车或公交车，徒步或骑自行车上学的同学越来越少，但是大家知道吗？车辆所消耗的能源问题和环境污染问题已日益严重，如果不加以重视，给大多数人带来的只能是灾难。

日益增加的车辆成了环保的杀手

乘坐私家车可以节省等待公交车的时间，可以逃开拥挤的人群，还可以享受冬暖夏凉的惬意生活，并且还可以方便我们的出行。但从保护环境的角度看，乘坐私家车则不利用保护我们的环境。1943年，在美国洛杉矶空气中有一种微白有时带有黄褐色的薄雾，刺激着当地居民的眼睛，使得人们的眼睛疼痛、流泪，这种薄雾日趋严重，但

汽车尾气，无形环境杀手

直到10年后才找到真正的祸首，那就是汽车尾气。汽车排放的废气在每年5~10月份的强烈阳光作用下，形成光化学烟雾，这种烟雾会引起眼、喉和头不适，还降低了大气能见度，使原来湛蓝澄澈、白云流动的天空变得天昏地暗，且增加了车祸和飞机坠毁发生的概率。然而，人们并未从此次事件中惊醒，1955年和1970年洛杉矶又两度发生了类

环保在行动——公车出行

似事件，导致数千人五官中毒、呼吸衰竭而死，全市多半人患病。如今，全世界汽车废气的治理虽已取得一定的成绩，但汽车数量的急剧增长，使汽车仍是城市大气污染的主要来源。据报道，我国近年内某些城市也出现过类似洛杉矶事件。汽车不仅有污染空气，产生噪声等危害，还消耗自然资源，而且日益增加的汽车给城市交通造成重大压力，造成交通拥堵，这些都严重地困扰着我们的生活，而解决的办法之一就是少开汽车，乘坐公交车或者通过步行、骑自行车出行。原因分析如下：

1 乘坐公交车有利于环保

一辆私家车本可坐5人，往往只乘坐1~2人，在道路资源日益紧缺匮乏的情况下，这种私家车少载率某种程度上是一种巨大的资源浪费，并且车越来越多，造成道路越来越拥堵，但如果大家都乘坐公交车，减少了私家车排放废气对大气、对人身的污染损害，从而缓解交通压力和减少污染。我们建议同学们，如果你家住在距离学校5千米范围内，并且有公交车站，那就乘坐公交车吧，不但比坐私家车还省时间，还能节能环保。

② 骑自行车、步行出行，环保、节能又锻炼身体

在欧洲一些国家，出于健康考虑，自行车被当做有利身体健康的一种绿色交通工具来进行大力推广。因为，自行车是一种无噪音、无污染、健康的物美价廉的交通工具，并且自行车的健身作用仅次于游泳。有规律的步行不但可以减肥，使腿部肌肉耐力进步，维持体重不会肥胖，甚至还帮助睡眠稳定，并增强心肺功能，在做事上也更有耐力与耐性。调查显示，每次多走4000步，每周行走三次

的人会在三个星期内减掉一千克左右的体重。因此，骑自行车或者步行出行，可以帮助我们树立一个良好的生活习惯，还可以达到节能环保的目的，一举两得。

同学们，请你们尽可能减少乘坐私家车，多采用步行、骑自行车等绿色出行方式，既有利于环保，又有利于缓解拥挤的城市交通，同时有利于我们的身体健康。

步行出行

小知识

每年9月22日是“世界无车日”，至今，国际上已有超过1000个城市开展过“无车日”活动，我国108个城市参加这一倡议活动。参加世界无车日是为了倡议人们少开车，鼓励民众采用步行、自行车、公共汽车等绿色交通方式出行。

提倡自行车出行

不乘电梯走楼梯——环保节能

电梯，顾名思义就是需要用电这种能源来启动的梯子。在电梯发明成功当初，乘坐电梯是一种高级享受，随着我们生活水平的提高，电梯的乘坐变成了平常事，现在城市新修的楼房，基本都有电梯。我们不得不承认电梯为人们带来了方便，可同学们知道吗？紧随而来的是能源忧患。以下我们简单介绍一下电梯的运营成本，你就会明白了。

电梯耗电量大

据测算，普通电梯启动一次，约耗电1度，空载一个小时约耗电8度。也就是说，从一层到二层，如果选择了乘坐电梯的话，那耗电量就相当于家里的普通灯泡亮25个小时，这是多么大的一个能源使用问题。可是我们有许多同学还不知道成本，却因为好奇、好玩，常常无聊地乘坐电梯上上下下，要知道你小手轻轻一按电梯启动钮，浪费了多少电！

据运动医学家的测定，人每登高1米所消耗的热量，是静坐时的10倍、走路的5倍、跑步时的1.5倍、游泳时的1倍，如果沿着6层楼的楼梯上下跑2至3趟，则相当于平地慢跑800至1500米的运动量。这样看来爬楼梯是一种非常好的锻炼方式。

从上述介绍的情况来看，我们应当做的是少乘电梯，多走楼梯。当然你家或你将要去的地方如果只住在二、三楼，尽量做到不乘坐电梯，让我们从小养成去较低的楼层时选择走楼梯的好习惯，这样既能锻炼身体，又达到环保的目的。如果我们每天都少乘几次电梯，积少成多，就能为改善国家能源供应紧张作出贡献。

健康出行，多走楼梯

少买衣服也是环保

我们生活在物质富足的年代，买一件衣服很简单。许多爱美的同学总是喜欢买衣服，使得自家衣橱有些塞不下，但是同学们往往忽略了，一件衣服从原材料的生产、制作、运输、使用到废弃后的处理，都在排放对地球不利的二氧化碳，并对环境造成一定的影响。据了解，一件250克重的纯棉T恤从生产到弃用这个过程大约排放7000千克二氧化碳，是其自身重量的28倍，这还不包括T恤所产生的环境污染，而平均少买一件衣服所节约的能源使用，相当于减少约5.7千克二氧化碳的排放。所以少买衣服就是一种环保行为。

少买衣服，为环保作贡献

多买一件衣服，相当于多将垃圾穿在身

虽然生产服装、袜子、鞋子之类的生活用品比不上重工业对地球的污染严重，生活用品的生产也的确会导致一些生态影响。我们的衣服、袜子、鞋子主要原料为棉花、毛料、皮革、工业原料（如合成纤维）等。而目前棉花种植者是世界上最大的农药和水的使用者之一，至于合成纤维是来源于石油，而石油是一种不能再生的能源，它们用一些就少一些，不可能再重新产生。在生产合成纤维的过程中，还需要一系列的化学物质和高温燃烧，这些过程均会污染空气或水源；同时，合成纤维是一种难以降解的物质，在使用丢弃后还会给环境造成压力。另外，毛料和皮革来源于动物，人们会为了生产衣物之类，滥杀动物，过度放牧，这些也会带来一系列生态环境问题。此外，纺织厂常被周围居民投诉，因为在生产过程中产生的细棉尘和纺织厂的机器设备发出的轰鸣声，严重影响了周围居民的休息和生活。所以，我们不要过分追求穿着的时尚、频繁淘汰服装，以减轻对环境的压力。

作为未成年人在少买衣服、倡导环保问题上，应该做到：

1.不频繁淘汰服物，简朴生活。

2.珍惜使用衣物，延长衣物的使用寿命。

3.选购服装，最好选择白色、浅色、无印花、小图案的衣服，这类衣服较少使用各种化学添加剂进行处理，不仅更环保，对人体也更健康。

4.选购衣服时要避免抗皱、免烫、防水、防污等附加功能，因为通常这些都是用化学药剂去实现的。

5.在衣物的使用中，尽量减少洗涤次数，用手洗代替洗

环保从"衣"做起

衣机洗涤，减少衣物熨烫等更为环保的洗涤方式。

6.对于自己无法穿着但还有用的衣服、鞋之类，应当赠送给需要的人，避免浪费，间接地为环保作贡献。

7.对于一些无法穿着的衣服，还可以加上自己的创意，在衣服原有设计款式上加以装饰，不仅具特色、更时尚，还为旧衣注入了新的活力，避免了资源浪费。

袜子坏了，可以缝一缝继续穿

8.给鞋子重新钉个掌，给衣服、袜子缝几针，而不是买双新的。这么做既省钱还环保。

9.拒穿皮毛制作的服装，每件皮制、毛制衣服背后都可能是一桩谋杀案，这话听似恐怖，但仔细琢磨，绝不过分。目前，全球很多文明国家都

最好选择浅色衣物

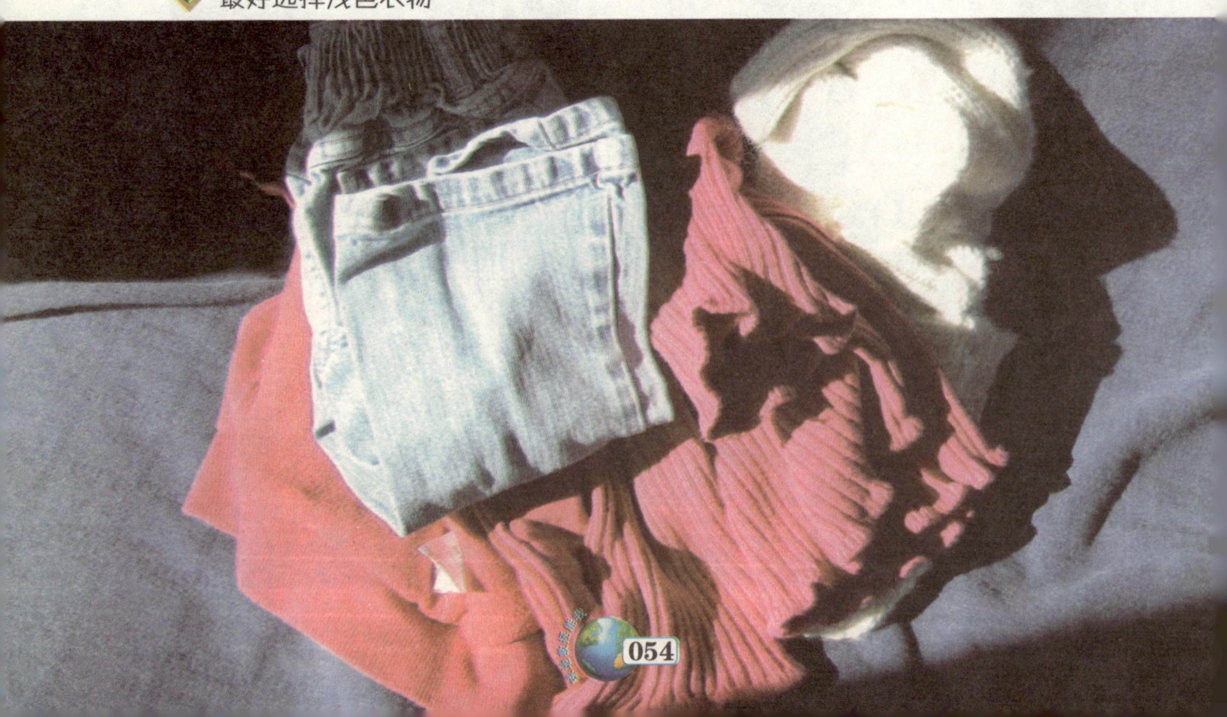

拒穿毛皮衣物

开始抵制兽皮服装，这是人类生态道德意识觉醒的表现，我们作为人类一份子也应当有这份意识。

10.将“少买衣服也是环保”这种环保理念传递给每个同学，让他们树立环保意识。当然，如果我们自己都做不到少买衣服，简朴生活，又怎能去要求别人呢？

总之，我们应该本着简朴的原则，适度地去买衣服，不盲目追求时尚、攀比享乐和浪费，用新的消费和牛存观念来减轻我们对环境的压力。也许正是由于现代人的虚荣心，才给我们的生存空间造成了巨大的压力。如果我们给子孙后代留下的只是一个千疮百孔的地球，那我们就真的要遗臭万年了。希望同学们少买衣服，为环保多作一点贡献。

多手洗，少机洗

分类装垃圾——方便再次利用

凡是我们生活不再使用的东西我们都可以说是垃圾，而我们每个人每天都会扔出许多垃圾，同学们知道这些垃圾都到哪里去了吗？它们通常是先被送到堆放场，然后再送去填埋，有些地方也会将垃圾焚烧掉。无论填埋还是焚烧垃圾，都是对资源无谓的浪费，并且还会造成环境污染。难道我们只能牺牲环境换来生存吗？其实对于垃圾的处理，我们还有一个非常简单易行的办法，这就是垃圾分类，将可回收的垃圾回收，使之重新变成资源，减少环境污染。

垃圾污染我们的生活环境

垃圾要分类

首先，我们应当分清垃圾的种类。垃圾分为可回收垃圾和不可回收垃圾。可回收的垃圾主要包括废纸、塑料、玻璃、金属和布料五大类，举例说明如下：①废纸：主要包括报纸、期刊、图书、各种包装纸、办公用纸、广告纸、纸盒等等，但是要注意纸巾和厕所纸由于水溶性太强不可回收。②塑料：主要包括各种塑料袋、塑料包装物、一次性塑料餐盒和餐具、牙刷、杯子、矿泉水瓶等。③玻璃：主要包括各种玻璃瓶、碎玻璃片、镜子、灯泡、暖瓶等。④金属物：主要包括易拉罐、罐头盒、牙膏皮等。另外，可回收垃圾中还分有毒垃圾和无毒垃圾，有毒垃圾包括：废电池、过期药品、水银温度计、废油漆桶等。烟头、咀嚼过的口香糖、油漆、颜料、食品残留物等等属于

分类装垃圾，从小养成好习惯

不可回收垃圾。

其次，垃圾分类回收后，能给我们创造很多经济价值。

1.1吨废纸，可造纸850千克，相当于节约木材3立方米或少砍伐树龄为30年的树木20棵；

2.1吨废钢铁，可提炼钢0.9吨，相当于节约矿石3吨；

3.1吨废塑料再生利用约制造0.7吨塑料原料；

4.1吨废玻璃，可生产一块篮球场面积的平板玻璃或200克瓶子2万只；

5.用45000吨废食物加工饲料，可节约36万吨饲料用谷物，可产生100万吨以上猪肉；

6.每回收1吨塑料饮料瓶可获得0.7吨二级原料；

7.废电池中含有镉、镍、锰、锌等有毒金属，这些金属虽然有毒，但是都是宝贵的资源，如有效回收可以减少重金属对环境的污染，并且还能避免资源浪费。

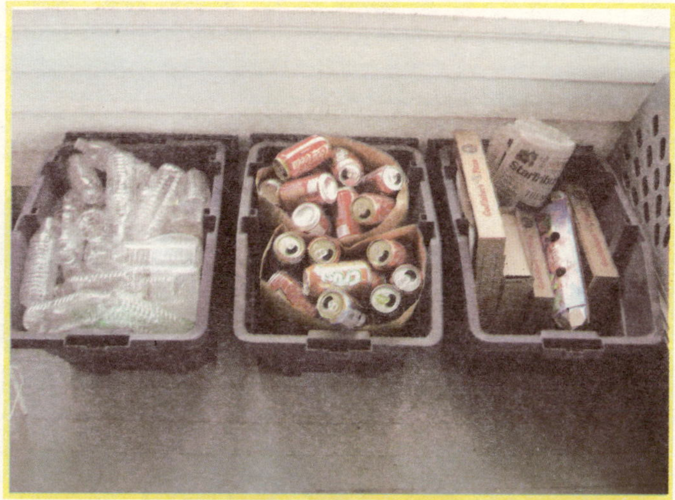

将垃圾变废为宝，重复利用吧

同学们在了解前面我们讲解的垃圾种类和经济价值后，作为一个小小的环保卫士，我们平常应该正确处理垃圾，比如在家里建议父母将垃圾桶分两类，绿色的投放可回收无害垃圾，黄色的投放不可回收垃圾，红色的投放有毒有害垃圾。然后将可回收垃圾送到回收站，加以利用。另外，在我们城市里垃圾桶基本上都分为可回收垃圾桶和不可回收垃圾桶。即使我们外出随手扔垃圾，也需要注意分类投放。

在家里，我们可以先简单分类垃圾

垃圾也有大用处

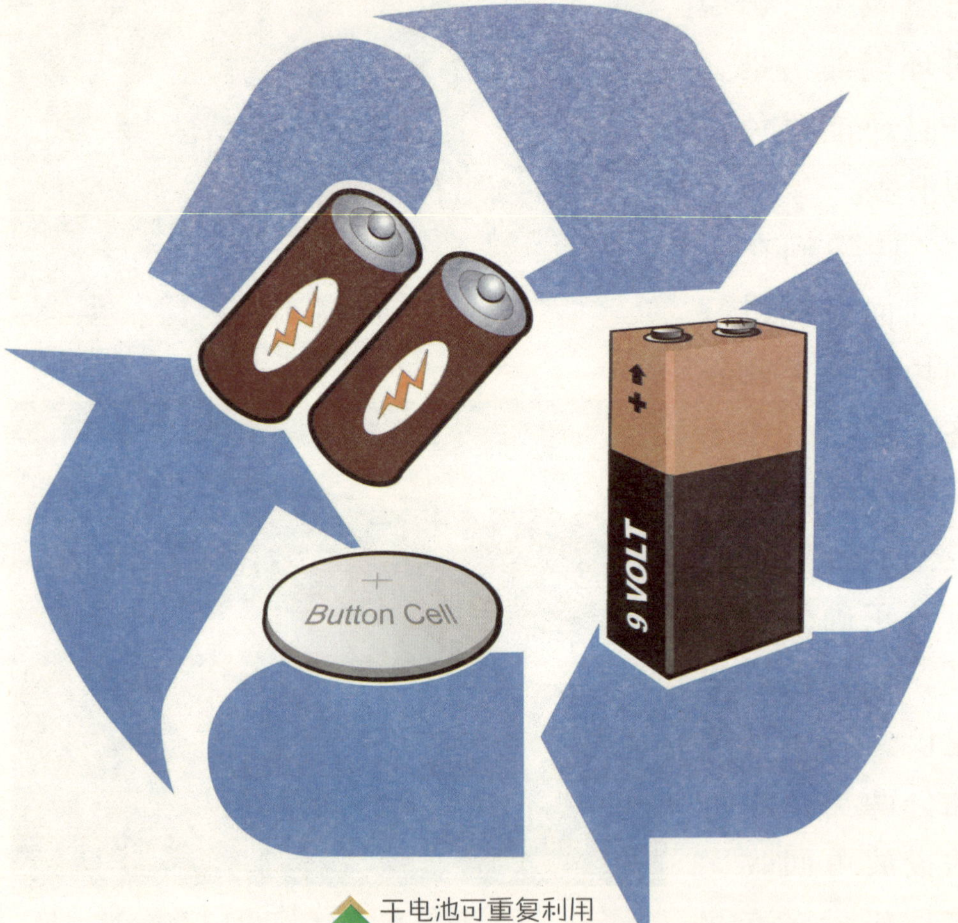

干电池可重复利用

同学们，你们知道吗？用过的废旧电池、金属、塑料、玻璃……这些在常人眼中毫不起眼的垃圾，却可以“变废为宝”，再次利用。下面我们介绍一些变废为宝的方法：

1.不能用的干电池，只要在手上、脚上或衣服上，专心摩擦一会儿，就能让一个闹钟多走两个星期。

2.旧长统袜做靠垫，将穿破的长统袜筒部剪下，里面塞满棉花或剪碎的海绵，然后将一个个袜筒接缝起来，盘卷成圆盘状，用针线缝好，上面再加一些小装饰，则就成了美观实用的靠垫了。

3.泡沫塑料网罩代替百洁布，泡沫塑料网罩质地柔软，用它擦拭家具、锅灶等，不会擦伤物品。

4.废报纸擦玻璃干净无比。先在报纸上喷些水汽，然后仔细擦拭，最后用干报纸再擦拭一次，即可使玻璃光亮无比。

5.将废旧海绵放在花盆底部，上面盖一层土，在浇花的

废旧海绵用处多

时候，海绵可以起到蓄水作用，较长时间地供给花木充足的水分。

6.旧伞面制衣架罩，伞面一般比较美观，而且纹路密实，适合做衣架罩。在旧伞面布的中心裁去一块直径约两厘米的伞面布，再用斜布条在裁口上滚一条边，这样，衣架罩就做成了。

瓶盖也能变废为宝

7.废牙刷制挂衣钩，废牙刷去掉刷毛，将牙刷头部置于一杯开水中，待其软化后，迅速用手将牙刷柄弯成钩（冷却变硬后再松手），然后钉在适当的位置，就可成挂衣钩了。

8.废瓶盖可去鱼鳞、洁墙壁、垫肥皂盒、护椅子的腿、护房门面。①将五六个啤酒瓶或饮料瓶盖，交错地固定在一块木板上，留出把手，用它来刮鱼鳞，或者刮去贴在墙壁上的纸张和鞋底上的泥土等，用途很广。②将瓶盖垫在肥皂盒中，可使肥皂不与盒底的水接触，这样还能节省肥皂。③我们生活中常遇到这种情形，在地板上搬动椅子时常会发出令人刺耳的响声。为避免这一点，可在椅子的

巧用废瓶子

腿上安上一个瓶盖作为缓冲物，这样既不会发出刺耳的声音，又可以保护椅子的腿。④将废弃无用的橡皮盖子用胶水固定在房门的后面，可防止门在开关时的碰撞，起到保护房门面的作用。

9.蚊香灰作花肥。蚊香灰内含有钾的成分，可作为盆花的肥料，只要在蚊香灰上略微洒些水，便可将其施入盆中，很容易被花木吸收利用。

10.巧用废瓶子，制小喷壶、擀面条、漏斗、制筷筒等。①同学们可以将自己喜欢的废瓶子做成小喷壶，只要在瓶子的底部锥些小孔即可。②如果妈妈在擀面条时，一时找不到擀面杖，可用空玻璃瓶代替，另外用灌有热水的瓶子擀面条，还可以使硬面变软。③用剪刀从可乐空瓶的中部剪断，上部即是一只很实用的漏斗，下部则可作一只水杯用。

简化包装——外表美不如内在美

同学们，你们去买食品和日常用品时，食品和日常用品是一样的质量、数量，但装它们的分两种包装，一种是简单包装，一种是精美包装，是不是你往往喜欢购买精包装的物品呢？但是，你是否意识到在你选择精美包装的物品那一刻开始，你已开始破坏环保了呢？

别让包装蒙蔽了双眼

过度包装破坏环境

送礼物，简单包装即可

生产包装需要耗费大量的金属、玻璃、纸张和塑料，并且往往有两三层的包装，有时多达四五层，这些包装品一次性用完后却变成了垃圾。据不完全了解，在我国600多座城市当中，有200多座被各种垃圾包围，而究其原因包装过度占据十分重要的原因。目前城市生活垃圾有30%是由各种包装物构成的，但遗憾的是这些垃圾的回收率十分低，纸的回收率只有15%，塑料的回收率是9.6%，铝罐的回收率是1%。其余当做垃圾填埋、焚烧或流落在外，被抛弃的难以降解的包装物流落土里，造成土壤和水源污染，影响我们的身体健康。因此，有效地控制和减少包装性废物，对于减少固体废物产生量十分重要。而同学们应该对此作出的实际行动是：

1.不要被时下眼花缭乱的物品包装所蒙蔽了双眼，讲究只买对的，不买包装好看的。

2.正确理解包装。包装是商家的一种营销手段，不一定包装精美的东西，就是质量高、档次高的东西。

3.应当通俗的理解简单包装，自己或建议父母送礼的时候，买一些包装简单的礼品，然后购买包装纸，自己包装，这或许是礼品包装的最高境界。当然别人给你送类似简单包装的礼物时，应当同等对待，并且加以赞赏，以示鼓励。

可回收的礼品包装盒要分类

4.对于可回收的包装如纸、塑料、金属等，分类存放，然后送到垃圾回收站，既减少资源浪费，又避免固体废物对环境的污染。

总之，包装材料的生产造成资源减少，包装废弃物会增加环境污染，过度包装就会浪费资源和破坏环境。可是，我们又生活在到处充满包装物的年代，让我们完全拒绝包装是不可能的，但我们可以做到拒绝多重包装，拒绝过分的和豪华的包装，回收可再次利用的包装物，为我们的环保事业献出一份力量。

少用塑料袋——自备购物袋

以前，我们去超市或市场购物，哪怕是购买一件小小的物品你都会得到一个免费的塑料袋，这样人们就没有意识到塑料袋的价值，肆意索要免费的塑料袋，导致我国塑料袋消耗过多。同时回收处理塑料袋的步伐跟不上它的消耗量，加之塑料袋容易破损，人们也无意识它有回收的利用价值，大多被随意丢弃，成为“白色污染”的主要来源。为了限制和减少塑料袋的使用，遏制“白色污染”，2007年12月31日，国家发“限塑令”，要求自2008年6月1日起所有超市、商场、集贸市场等商品零售场一律不得免费提供塑料购物袋。这时人们开始议论这种政策，知道塑料袋的过度使用会造成严重的能源、资源浪费和环境污染的，会大力赞赏、支持这种政策的推行；

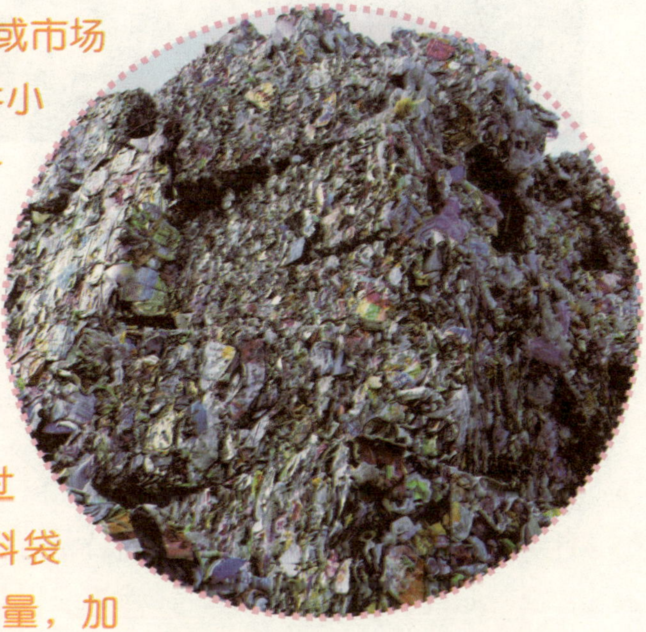

塑料袋影响城市卫生和市容

禁止用不环保塑料袋购物

不理解其中的含义的会觉得这种政策会给我们的生活带来不便，因此，当“限塑令”颁布之前，许多人就开始囤积了许多塑料袋以便以后装垃圾、购买东西等生活使用。其实，“限塑令”的颁布不但没有给我们的生活带来不便，反而给我们带来了绿色的生活方式。试想当我们的父辈们生活在没有塑料袋的年代，难道他们就无法生活，生活就没有品质了吗？当然不是。他们用可以重复使用的布袋和菜篮子装物品，既经济又环保，当然对身体也有好处，因为在我国有许多塑料袋的生产不达标就流入市场，这些塑料袋当然会污染装在里面的东西，影响我们的身体健康。

塑料袋之所以需要我们少用或不用，是因为：①塑料袋的原料来自于石油，是逐渐稀缺，需要节约的一种资源。②塑料袋大都由不可降解和再生的化学材料生产，处理这些塑料垃圾，只能挖土填埋或高温焚烧。据科学家测试，塑料袋埋在地里需要200年以上才会腐烂，并且严重影响土壤的生命力，而焚烧所产生的有害烟尘和有毒气体，则会造成大气环境严重污染。③超薄塑料还影响城市美观。在我国许多城市，一旦遇上大风天气，随处可见塑料袋在空中飞舞，降落在广场上、树枝上、河流中，影响城市卫生和市容。

有些同学可能会觉得已经习惯使用塑料袋了，如果不用塑料袋，有时很不方便，但是仅图一时方便，却把“白色污染”遗弃给子孙后代。这样做合适吗？因此，我们应当拒绝塑料袋污染环境问题困扰我们的下一代，为了实现这一目标，我们应该做到：

塑料袋是白色污染祸首，要坚决抵制滥用塑料袋

1.建议父母用可以重复使用的菜篮子和布袋子去购物，并且爱护菜篮子和购物布袋，当然自己也要身体力行。

2.即使我们在不得已的情况下使用塑料袋，也需使用标有“绿色”塑料袋即可降解塑料袋，使自然环境得到保护，大大减轻了“白色污染”的压力。

农用地膜作用很大 污染也不小

3.用废旧的衣服、伞、窗帘布等，按自己的想法亲手制作环保袋，既避免了资源浪费，还避免了二次污染。

总之，自国家采取限塑令以来，虽然有一些成效，但“白色污染”仍在泛滥，加大限制使用塑料袋的力度，仍是迫在眉睫。

小知识

“白色污染”是对难降解的塑料垃圾（多指塑料袋）污染环境现象的一种形象称谓。白色污染的主要来源有食品包装、泡沫塑料填充包装、快餐盒、农用地膜等。

环保购物，从我做起

瓶装饮料方便——困扰环境

饮料容器堆积如山，你用了多少

随着科学的发展，各式各样的瓶装、铝罐装饮料充斥着市场，为我们的生活带来方便的同时，也给环境带来了很大的压力。时下，我们正以日益上涨的速度饮用啤酒、汽水、瓶装水和其他装在一次性容器中的饮品。为了满足人们对饮品的需要，每年制造和用掉至少2万亿个瓶子、铝罐、纸箱和塑料杯。据报道，美国以饮料罐头的形式消耗的铝几乎比其他七个发达国家为各种目的所消耗的铝还要多。我国虽然此项消费起步较晚，但是我国人口多，近几年的消耗远远多于美国，而美国仅一年制造瓶装水的塑料，就要耗费150万桶石油，足以供10万辆汽车行驶一年。可见，我国包装饮料和罐装饮料消耗的能源和资源也大得惊人。

饮料容器垃圾，不可忽视

瓶装、罐装饮料不但消耗有限的能源，而且同时还对环境污染带来压力。据调查研究，生产一立方分米自来水会产生0.0003千克的二氧化碳，而生产一立方分米矿泉水则会产生0.185千克二氧化碳，自来水的排碳量比矿泉水要低约600倍。同学们都知道，二氧化碳会给地球造成温室效应，是全球气温升高的罪魁祸首，近几年全球产生的极端天气，无不与之有关。另外，尽管在许多地方，自来水非常纯净且容易得到，但人们往往选择的是瓶、罐装饮料，如果饮料容器被重新灌装而不是扔掉，饮料消费并不会导致太大的环境影响。但事实并非如此，饮料容器是一次性的，并不能重复使用，使用过的饮料容器就成为垃圾。据报道称，我国城市垃圾中约有四分之一是塑料垃圾，我国每年产生的塑料垃圾高达3000万吨，但回收率却很低。此外，饮料容器的原料是石油制品，如果不加以处理遗落在外，要经过长达一千年才能降解。可见，瓶装、罐装饮料给环境带来的影响不容忽视。

瓶装、灌装饮料在面临环境压力问题的同时，也影响着我们的健康。目前市场上的饮料容器主要由塑料和铝制材料制造。长期以来，人们认为铝是一种对人体无害的金属元素，然而，随着科学技术的发展，近几年对“铝无害

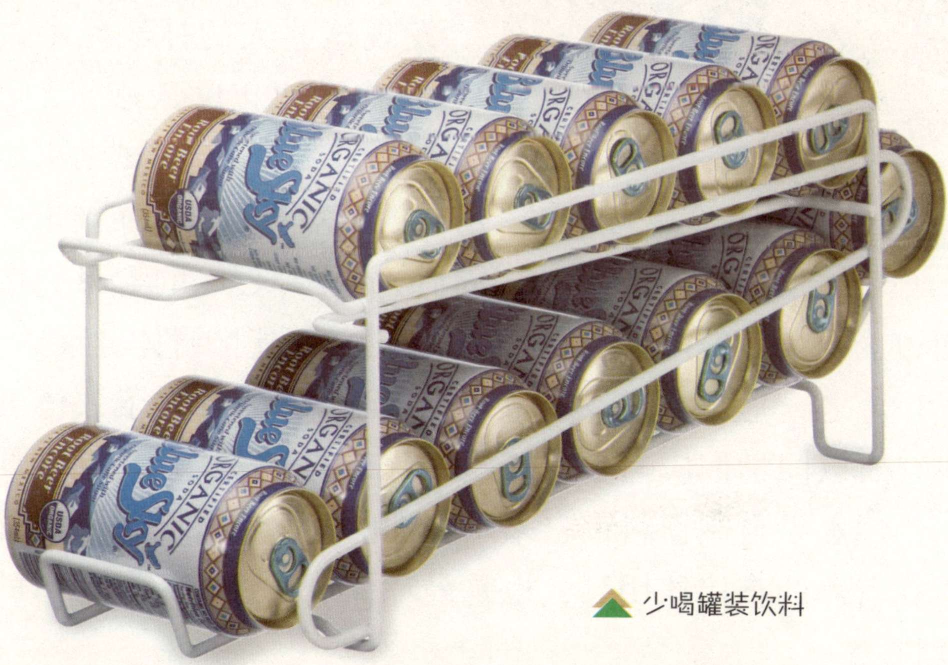

少喝罐装饮料

动手制作饮料，绿色环保

饮料瓶在垃圾中所占的比重较大

论”产生了异议。据报道，1975年，美国某著名医生，分析了多名老年痴呆症患者的神经元，结果发现这些人的神经元中，铝的含量比正常人多了2~4倍。另外，一项最新测试结果显示，饮用塑料制成的瓶装水一周后，尿中双酚a的含量会增加69%。而双酚a可能扰乱腺体激素分泌，影响身体健康。

总之，瓶装、罐装饮品既不环保，又不利于人体健康，所以同学们应当少喝或不喝从市场上买的瓶、罐装饮料，用水果自制饮料，自来水烧沸的开水，才是安全、优质、营养的直接饮用品，也是最环保、最经济、最实惠的饮料。

拒用一次性筷子——别让森林变木屑

中国人的主要餐具是筷子，它是中国文明的表现，而一次性筷子（又称“卫生筷”、“方便筷”）则是人类社会生活节奏加快和社会服务发展到一定阶段的产物，是现代社会的产物，对此同学们一定不会陌生。在中国，无论档次高低的餐馆，一次性筷子早已成了大多数餐馆必不可少的餐具。然而一次性筷子的产生却表现了人类的不文明，因为一次性筷子的出现给人类生态环境带来了很大的破坏，不利于人类社会的进步和发展。

每一双方便筷都关系着地球的生态环境，请慎用

一次性木筷子的原料是木材和竹子。据统计，中国每年为生产一次性筷子要耗费木材166万立方米，需要砍伐大约2500万棵大树，减少森林面积200万立方米。而一棵生长了20年的大树，仅能制成3000至4000双筷子。可是，在中国，一次性木筷子每年的消耗量是800亿双。同学们知道这个数字表示着什么吗？如果800亿双一次性筷子首尾相接，可以铺满363个天安门广场，可以从地球往返月球21次。再加上，在我国，一次性筷子在使用后是并不进行回收造纸，即使回收，也只是简单消毒再次流入市场。因此，一次性筷子巨大的市场消耗，导致了众多产竹、产木林地植被覆盖呈现急剧下降趋势。

森木快被我们吃完了，你还要用方便筷吗

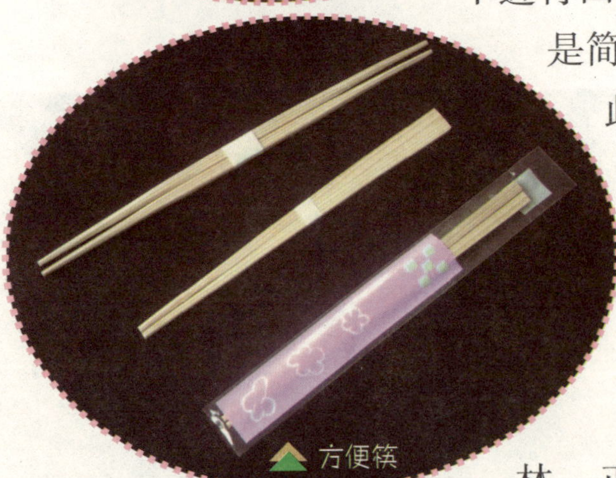
方便筷

但是，一次性筷子消耗的远不止宝贵的森林。正规的一次性筷子所用的原料都是质地比较好的木材，无须经特殊加工。可市场上大多筷子的生产都通过硫黄熏蒸或双氧水漂白。漂白后，还需要大量的水蒸煮或冲洗。这样看来，一次性筷子的生产不仅浪费珍贵的淡水，其漂白后的污水还会造成环境污染。同时，被弃置的筷子及其塑料或纸包装袋也将一起成为有毒固体废物，继续污染环境。

另外，一次性筷子还严重影响使用者的身体健康。在制造一次性筷子过程中，并不是在一个完全的无菌环境下，而且漂白筷子使用的硫黄中含有重金属铅、汞等，会直接影响用餐者的呼吸道，引发咳嗽、哮喘等疾病。

种种迹象表明，所谓“卫生筷”和“方便筷”，其实一点都不卫生、方便。因此，我们外出就餐时，应自备可重复使用的筷子，不用一次性筷子，不但我们不用，还要提倡周边的人少用或不用。

环保筷时尚又环保

自备环保餐盒——少用一次性餐具

自备餐盒，环保又时尚

不管是起初的发泡型餐盒还是现在的可降解型餐盒，因为图其方便，导致一次性餐盒的使用量有增无减，一次性快餐盒成为“白色污染”的主要祸根。而学生是使用一次性餐盒的主要人群，也就是说，学生成了环境杀手之一。另外，现今市面上的一次性餐盒并不是全都符合国家标准，长期使用不合格的餐盒会对同学们的身体带来不良影响，因此，自备饭盒才是首选。

大家知道，一次性餐盒主要原料是塑料，塑料制品是石油提炼而成。而我国每年餐盒的消费量很大。据统计，全国铁路列车餐车上一年消耗8亿多只快餐盒，其中近50%被丢弃在铁路沿线。这样算来，我国因使用一次性餐盒造成了巨大的资源浪费和环境污染。

虽然现在国家要求使用可降解型餐盒，但大多还在使用不易降解的餐盒，很容易对环境造成危害：

1.塑料类垃圾在自然界大约需要200年才降解，降解后还大大减少了被污染土地的使用价值。

2.河、海水面上漂着的塑料饭盒，树枝上挂着的饭盒，造成“视觉污染”。

塑料饭盒也成为白色污染的源头

3.目前，在环境中不易降解的除了掩埋，还有就是焚烧处理，这样会再次造成环境污染。

4.塑料餐盒在堆放过程中会产生甲烷等可燃气，遇明火或自燃易引起的火灾事故不断发生，时常造成重大损失。

一次性餐具

5.塑料餐盒不仅造成环境污染，而且会成为蚊蝇和细菌生存、繁殖的温床，危害人体健康。

保鲜膜保鲜不保质

保护环境行动——拒绝一次性餐具

尽管一次性餐盒在某种程度上满足了人们的特殊需要，但同时也浪费了大量的资源，制造了大量的垃圾，给环境增加了很大的负担，造成严重的环境污染。我国是一个有13亿人口的大国，如果提倡使用一次性餐盒，消费量将是巨大的，不仅造成资源的浪费，而且产生的废弃物也会带来无法预料的灾难。因此，提倡同学们：

1.请自带饭盒在学校就餐，减少白色快餐盒的使用。虽然现在很多商贩已使用环保型餐盒，但该餐盒回收率低，仍然不利于环保。

2.在街上买盒饭、炒面、炒饭类食物，大多用的都是发泡餐盒，应拒绝使用。

3.向身边的同学、朋友、家人、亲戚传递“自备环保餐盒，少用一次性餐具”的环保理念。

请将食物装入可重复使用的容器

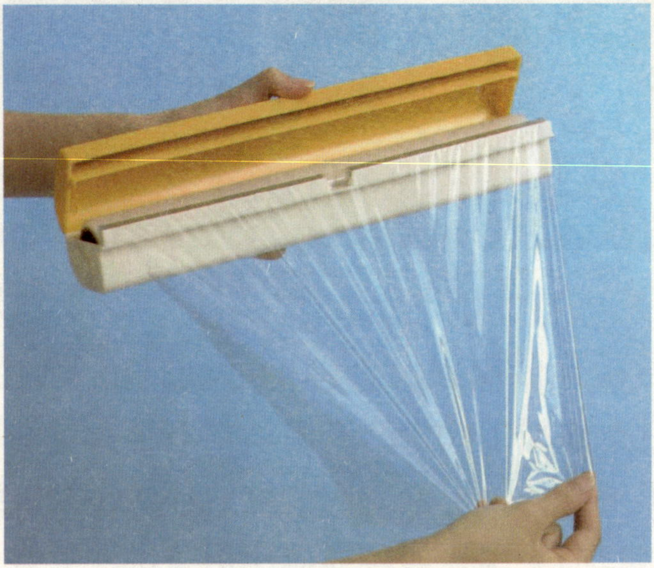

保鲜膜保鲜但同样存在污染环境问题

保鲜膜、保鲜袋是人们常用的一类保鲜食品的塑料包装制品，因其方便、用途广泛，成为人们生活当中不可取代的日用品。人们似乎觉得用了它，食品就安全、可靠了，所以现在使用微波炉加热食物，在冰箱里存放食物都离不开它。但是，有的保鲜膜、保鲜袋本身就很难让人放心，更何况是用它包裹食品呢？而且保鲜膜、保鲜袋还会造成很多环境隐患，下面一起来看看吧！

从物理角度分析，保鲜膜、保鲜袋有适度的透氧性和透湿度，调节被保鲜物品周围的氧气含量和水分含量，阻隔空气中的灰尘，从而延长食品的保鲜期。因此，它能保鲜食品。但是，不是所有保鲜膜、保鲜袋对人体都是安全的。目前，市场上出售的绝大部分保鲜膜、保鲜袋和常用的塑料袋一样，都是以乙烯母料为原材料，根据乙烯母料的不同种类，保鲜膜可分为三大类：①聚乙烯，简称PE，这种材料主要用于食品的包装，我们平常买回来的水果、蔬菜用的这个膜，包括在超市采购回来的半成品都用的是这种材料；②聚氯乙烯，简称PVC，这种材料也可以用于食品包装，但它对人体的安全性有一定的影响；③聚偏二氯乙烯，简称PVDC，主要用于一些熟食产品

PVC保鲜膜

PVDC保鲜膜

的包装。这三种保鲜膜、保鲜袋中，PE和PVDC这两种材料的保鲜膜、保鲜袋对人体相对安全，而PVC保鲜膜、保鲜袋含有致癌物质，对人体危害较大，而且这种保鲜膜进入自然环境当中是很难降解，严重污染着我们的环境。

PE和PVDC这两种材料的保鲜膜、保鲜袋相对于PVC来说是环保的，因为这两种易处置或者在环境中可以降解，如果万不得已需要使用保鲜膜、保鲜袋时，可以选择这两种材料。以下我们教同学们选购相对安全的保鲜膜、保鲜袋的方法：即“一看二摸三火烧”。

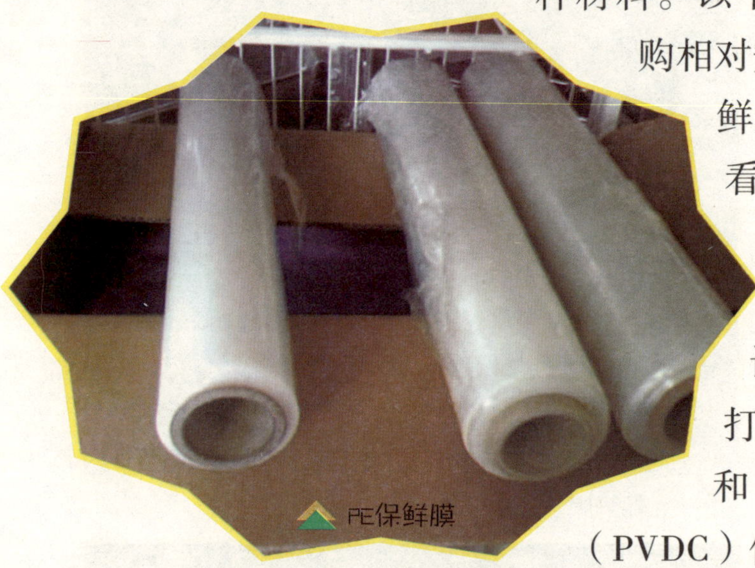

1.“看”。看它有没有产品说明，如果说明上打着聚乙烯（PE）和聚偏二氯乙烯（PVDC）保鲜膜，就可以使用；如果写着PVC或者是没有写材质的话，那就别买。

2.“摸”。聚乙烯保鲜膜一般黏性和透明度较差，用手揉搓以后容易打开，而聚氯乙烯保鲜膜则透明度和黏性较好，用手揉搓以后不好展开，容易粘在手上。

3.“火烧”。用火点燃后，火焰呈黄色，离开火源也不会熄灭，有滴油现象，并且没有刺鼻的异味，就是聚乙烯保鲜膜；用火点燃后火焰呈黄绿色，烟雾比较大，没有滴油现象，离开火源后会熄灭，而且有强烈刺鼻的异味，就是有毒的聚氯乙烯保鲜膜。

虽然PE和PVDC这两种材料的保鲜膜、保鲜袋对人体无害，但是它的材质与塑料袋同属一个“家族”，由于目前我国欠缺回收手段，它也存在污染环境的问题。因此，我们也应该少用或不用对人体无害的保鲜膜、保鲜袋，选择使用陶瓷或玻璃容器、塑料密封盒，因为这些容器可以重复使用，既可节约资源，又可避免环境污染。

保鲜盒环保又实用

随手关灯——技巧关灯

同学们，在日常生活中，你们是否注意并做到节约用电了呢？你们是否知道，一个小小的随手关灯的好习惯，就是一个值得赞扬的保护环境的好行为呢？

养成好习惯，请随手关灯

节约用电需正确使用节能灯

节约用电就是节约能源、减少环境污染。道理很简单，电是动力，是二次能源，它是从水力、太阳能、核能等一次能源转化过来的。现在，利用水力、利用太阳能、风能、潮汐能、核能等都可以发电，水电设施改变了江河的生态状况，核电站输出核废料，也会改变周边的生态环境，风能、太阳能虽然比较环保，但是它的生产力度赶不上我们日常生活需要。前面几种能源是我们用来发电的途径，但那只占人类用电量的一小部分，大部分电还是由火力发电厂生产的。火力发电厂是靠烧油和烧煤来发电的。全世界发电需要消耗几十亿吨煤，并且火电燃煤会产生大量的有害气体和粉尘，污染了大气，导致了酸雨，增加了全球温室效应，使全球气温升高。同学们近几年也能感觉得到，南北极的冰山融化、海平面上升、气候异常等导致了一系列生态环境危机，这无不与我们用电有关。

虽然，随手关一盏灯节约不了多少电，可是如果我们大家都随时注意这一点，全球一年要节省多少电？最简单易行的环保办法就是节约用电，不要点长明灯，不用电灯时随手关掉，光照充足的情况下不开照明灯，天长日久，日积月累，我们一辈子节约的电可是一个不小的数字。

要重视生态环境危机

另外，随手关灯能节约能源，但是不是每一

绿色环保，请使用节能灯

个随手关灯的好习惯都能起到节约能源、保护环境的作用。在生活中，同学们可能经常会做这种事：为用一下东西去房间拿时开一下灯，然后关掉，放回时再开灯、关灯，看上去，似乎是节约了用电时间而省电，其实这种方式不是适用于任何灯。据专家介绍，任何电器，当你打开时，瞬间起动的电流比平时大很多。由此可见，频繁开关电灯，不仅耗电，对电器的损耗也较大。对于节能灯而言，随手关灯更不省电。据估计，开关一次节能灯相当于持续点10小时的节能灯。同时，节能灯开灯后5分钟以上才会发光稳定，因此对于节能灯，不能像对待白炽灯一样时常开关。一般来说，如果在1~2个小时以内离开，就不必关节能灯了，这样更省电。

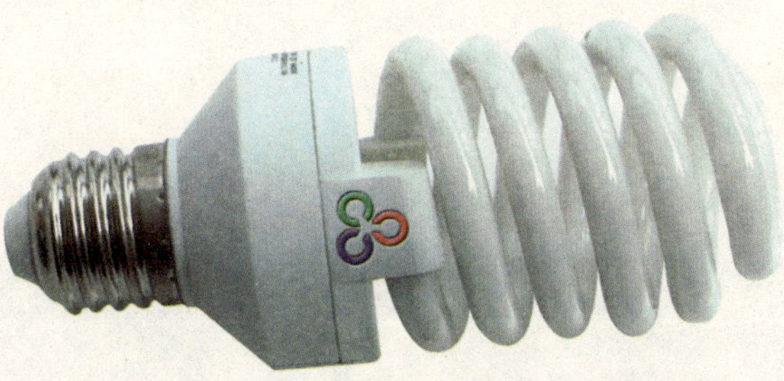

废节能灯也应放入分类垃圾箱

电能是我们生活必须需要的，它的使用是有限的，我们在享受电带来的便利的同时，还需要节约用电。而我们随时能参与节约用电的办法就是养成随手关灯的习惯，然而并不是所有的好习惯都能起环保节能的作用，最重要的是方法要得当。

节能灯让全世界更光明

自从爱迪生发明电灯以后，人类的生活就再也离不开它了，我们平常看到的在透明灯罩下发出的微黄光的电灯，就是白炽灯，在节能灯出现之前，它一直是深受人们喜爱的灯具。目前，政府极力提倡购买的节能灯比白炽灯稍贵，但是节约下来的电费，肯定超过买节能灯的费用。省电从小家来说是省钱，从大的方面说就涉及节能环保的大问题了。

有很多小区已普及节能灯

下面我们介绍一下，与白炽灯相比，节能灯都有哪些优点：

1.寿命长，每一只节能灯平均使用寿命达到8000小时，

小小节能灯，优点可真不少

低碳灯

比白炽灯长9倍。

2.无噪音、无频闪，对通讯、家用电器设备无干扰。

3.耗电少，比白炽灯省电80%。据专家调研发现，某家庭按使用15只灯泡来计算，如果使用白炽灯一个月电费为90元，使用节能灯一个月电费为18元，每月可以节省电费72元，一年下来，这个家庭使用节能灯后就可以节省电费864元。

4.光线自然，发热低。一盏15瓦节能日光灯的亮度相当

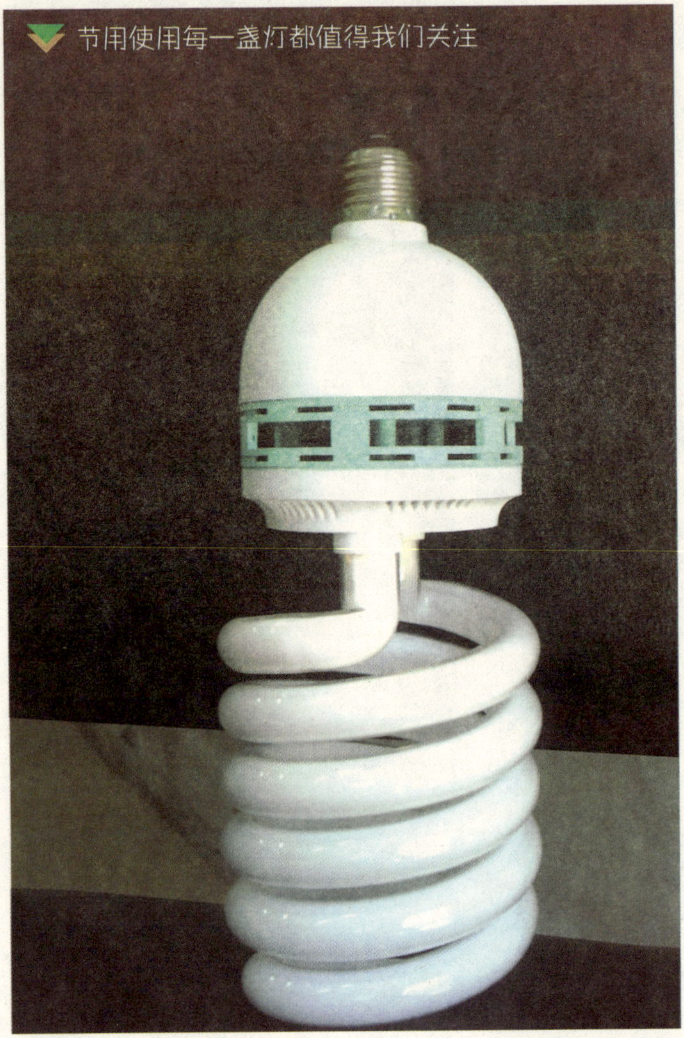

于75瓦白炽灯的亮度。

5.更省钱。虽表面上一个普通40瓦白炽灯泡比同样亮度的8瓦节能灯管要便宜10~到20元，但如果按每日照明5小时来计算，每盏节能灯每年可以节约70度电。

6.更环保。使用节能灯可通过减少耗电量减轻由能源使用导致的环境副作用。如二氧化碳过量排放导致气候变暖、煤炭燃烧时产生酸雨及铅、砷等有毒金属对人体有伤害。

同时，使用电能涉及发电、送电、用电以及大型设施的建设和维护，所有步骤都会产生废物。据估计，使用一只节能灯最终将少产生90千克固体废物。因此，我们应当建议妈妈爸爸还有周边的亲戚朋友们，尽量使用节能灯。

同学们，我们知道使用节能照明可以环保，但要是处理不当，也会污染环境。如果没有正确回收、处理废旧的节能灯，它们将对人类健康和生存环境造成很大的危害。有专家指出，许多节能灯中含有水银气体，一旦这些气体外泄，这些高毒物质最终将污染水体，如果人类食用了体内含有水银的鱼类，可能会导致听力和视力受损，甚至会出现先天畸形。但是我们日常生活中，根本没有考虑到水银气体，只是将废旧的节能灯随意丢弃，接下来的环境污染问题却没有想过。正确的做法是将废旧的节能灯与其他垃圾分开存放，有效回收处理从而降低污染。

创意白炽灯

小知识

“地球一小时”是世界自然基金会应对全球气候变化和能源消耗提出的一项倡议，它提倡个人、社区、企业和政府在每年3月份最后一个星期六20:30 ~ 21:30熄灯一小时，号召人们对应对气候变化行动的支持，引起重视。同学们在这一天里，是否也积极响应并参与活动了呢？

学生是否需要手机

随着电子技术的发达和我国居民生活水平的提高，学生使用手机的人数越来越多，它给我们提供了很多的便利，可以更好地与同学联系交流。但同时，也给我们带来了很多不好的影响：

1.首先手机不利于我们的身体健康。我们青少年正处于成长发育期，长期携带和使用手机，会被手机辐射污染，产生头痛、头晕、呕吐、皮疹、身体虚弱、关节或肌肉疼痛、耳鸣、疲劳、呼吸困难、失眠、多梦和脱发等等症状，严重的还会造成细胞癌，如果长期将手机挂在腰间，对肾脏、卵巢等器官会造成严重伤害。

2.影响学业。相信很少有同学使用手机谈论学习内容，而多数同学都是用手机来联系或聊天，这样影响休息，贻误学业。

3.不利于心理健康。每个家庭的经济情况不同，学生之间使用手机档次肯定不同，由此助长学生攀比成风心理，不利于同学们的心理发展。另外会有一些不健康的短信息，玷污同学的心理。

手机短信、手机上网正在污染儿童

4.额外增加父母的负担。我们还纯属消费群体，买手机的钱和每月几十元到上百元不等的话费均来源于父母，对于经济条件并不宽裕的家庭来说，给孩子买手机等于是给父母增添了新负担。

作为学生，在手机消费方面要理智，要有健康、节能的环保意识。

首先，大家都知道，手机需要金属、塑料等等原材料，而且手机还需要电才能运行，这就需要消耗电能。虽然一个手机使用的材料和电能不会很多，但是全国有好几亿的学生，如果每人都使用的话，那会消耗很多金属、石油、电能；相反，如果每一个人都不用，我们将会节约很多能源。据了解，地球上的不可再生能源正在日益减少：

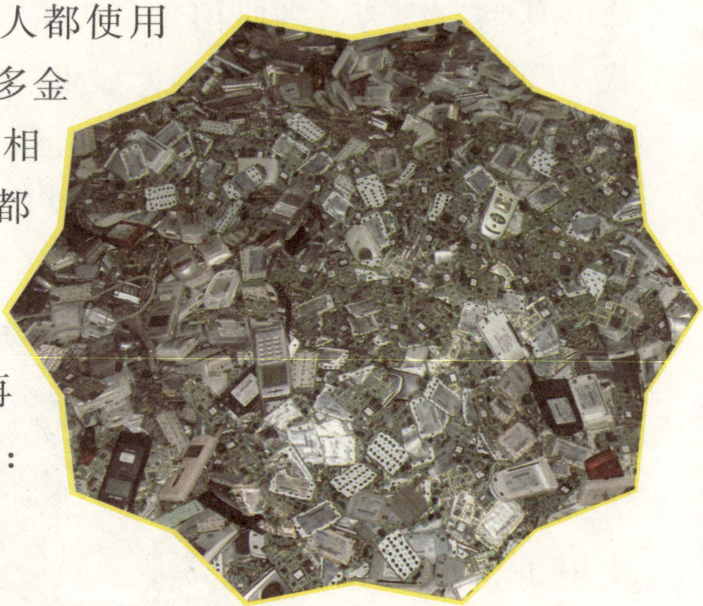

手机垃圾正在危害我们的环境

儿童要少用手机

全球2005年到2030年间的一次能源需求将增加55%。2030年的全球石油需求量将比2006年多出37%。在2005年到2030年间煤炭需求量将上升73%，电力用量将翻一番。因此，节能行动迫在眉睫，需要我们每个人都参与。

不用的手机在丢弃时应放入分类垃圾箱

其次，废旧手机及其电池如果处理不当就会对人和环境造成严重危害。每年我国淘汰掉的手机上千万，手机含有无数的重金属、废电线、硬质塑料，这些东西既是对资源的浪费，又不易降解，被废弃后会严重地污染环境。我国每年报废手机回收再利率很少，大多采取的方式是掩埋，这对环境的污染可想而知。据报道，我国每个季度因报废无法回收而扔掉的手机足以污染全国大多数主要河流、土壤，由手机造成的环境威胁正在逐步加大。

手机

由此可见，为了健康，为了环保，提倡同学们都远离手机。

不拔电器插头也耗电

关掉电器时请同时拔掉插头

同学们可以检查一下，你家有多少电器的插头没有拔掉，还有多少电线板还亮着灯。电视、电脑、热水器已关闭，但是没有拔掉电线插头，通电后，即便不开启电器也会继续耗电。人们最容忽视的问题就是使用完电器后不拔插头。

据了解，包括电视机、DVD播放器、手机充电器或其他任何带有遥控器的机器、电池充电器、内储存器、交流电适配器插头、永久显示和传感器等电器用品，在关掉后也仍在耗电。据测算，电视机待机100个小时就能消耗1度电。而电视待机还不是耗电最大的，比它厉害的还有电脑和空调。除此之外，电饭煲、DVD、音响功放、打印机等电器也是很耗电的。

有调查显示，中国一些城市家庭的待机耗电已经占到了家庭总耗电量的10%左右，相当于每个家庭常年使用一盏15瓦～30瓦的长明灯。我们来做一个计算公式：如果一个家庭有电视、电脑、影碟

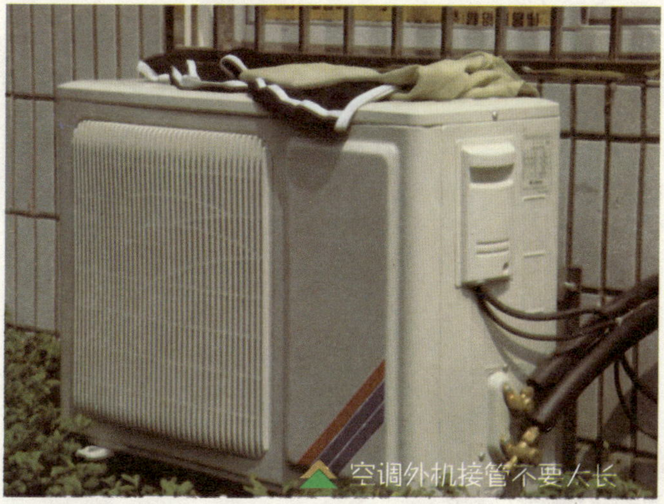
空调外机接管不要太长

为了环保，请拔掉插头！

节用用电，勿忘拔掉插头

家用电器真不少

机、音响、录放机，这些设备每台平均待机能耗为11.8瓦时（1千瓦时=1度）。按每天待机18小时计算，一年的待机时间为6570小时，一年每台待机耗电77.5千瓦时，5台耗电量为387.5千瓦，即387.5度电，如果按1度0.5元计算，平均每户就要多支付电费187.5元。而我国有多少个家庭，或许这些家庭里处在待机状态的还不只这五种电器呢！这样算来，我国每年会因电器没拔掉插头而失去大量的能源。从另一个角度来讲，拔掉插头，不仅节省经济支出，还可以减少无谓的耗能，为节能社会作贡献。

总之，拔掉电器的电源插头，或者插进接线板后关上接线板电源，既环保节能又安全。这种举手之劳还能带来不少节能效应。

请在夏天将空调温度调高1度

在我国，电力供应持续紧张、电网负荷与日俱增，政府每年都会加大变压器、加粗电线，但是仍然满足不了我们的用电需求。我们作为百姓，应增强节电意识，从身边的小事做起，将空调温度适当调高1～2℃，以减少电力消耗。

空调耗电量大

请将空调调到环保温度

据调查，一台1.5匹的空调如果温度设定调高1℃，每天运行5小时能节省0.3度电，夏季3个月可以节电27度。而我国目前空调的数字难以统计，如果大家都将温度调高1度，节电度数叹为观止。专家提倡我们设定空调温度不低于26℃。空调温度每调高一度，除了可以节能，还可以减少许多温室气体的排放，减少煤炭的消耗。因为，目前我国使用的电力当中有75%来自燃煤电厂，而从燃煤电厂生产的一度电需要消耗掉300~350克的煤炭，同时产生一千克的二氧化碳，6~9克的二氧化硫。由此可见，将空调调到环保温度既节电又环保。

另外，我们介绍几种空调节电的诀窍：

1.空调温度调到科学温度。在夏天制冷时，室温调高1℃。在冬天制热时，室温调低2℃，均可省电10%以上。空调使用时，夏季温度设定在26~28℃，冬季设定在16~18℃。

2.在夏季到来使用空调前，要清洗空调上通风管道的灰尘等污染物，一方面可保持空气清洁，另一方面可使空气循环系统保持畅通，以达到省电的目的。经清洗后，可加大10%风量，达到节能效果。据专家称，在使用空调之前清洗一次，可节电4%～5%。

3.不宜从早到晚都开着空调，最好在清晨气温较低的时候停一停，这样既可省电，又可调节室内空气。

4.空调内外机器连接管越短越好，以减少耗电，并且连接管还要做好隔热保温。

5.使用空调的睡眠功能可以起到20%的节电效果。

6.开启空调时，尽量少开门窗，减少房内外热交换，利于省电。

7.空调不用时，应随手切断电源。

8.离家前10分钟，请关掉空调。

9.将空调安装在背阴面，或者在空调器上加遮阳罩，避免阳光直接照射在空调器上。

请将空调调到合适位置

10.使用空调的房间，最好挂一层较厚的窗帘，这样可阻止室内外冷热空气交流。

同学们要做到的是使用空调时，调整到最科学的温度，并向身边的人宣传空调使用节电的办法，这也是环保行动实行之一。

夏天到了，给空调洗个澡呗

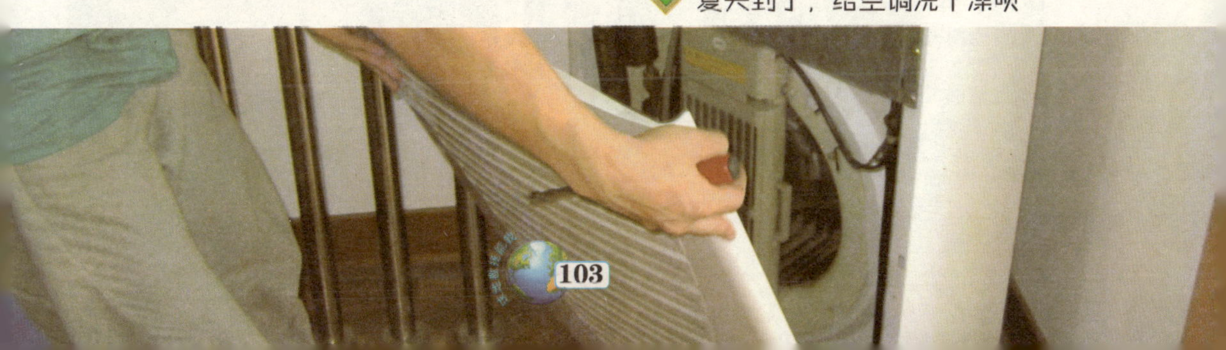

尽量用充电电池——少用普通电池

废旧电池内含有大量的重金属以及废酸、废碱等电解质溶液，如果没有有效回收，将其随意丢弃，会严重危害环境。所以，我们除了有效回收电池外，还有一个很好的途径是——少用普通电池，多用充电电池。

环保电池——充电电池

我们生活常见的电池

电池可分普通干电池、充电电池（有的外形与普通电池相同，可以在多种场合代替普通电池使用；有的则只能配合特定型号的移动电话、数码相机、便携式计算机使用）、铅酸蓄电池(主要用于汽车)三大类。在日常生活中，同学们使用最多的是普通干电池和充电电池，因为它们可以使用于MP3、MP4、游戏机等。

不同型号电池不能混用

大家知道，普通电池电量用完后不能再次重复使用，只能回收或丢弃，而充电电池虽然充电次数有限，但可以重复使用，这样可减少废旧电池垃圾的产生。而在我国废旧电池的回收率很低，大部分都被当垃圾填埋，而普通电池当中含有铁、锌、锰等，此外还含有微量的有毒的汞，只是简单的填埋，将会给我们的环境安全带来不少危害。据某报纸报道：“一节一号电池能使一平方米土壤永远失去利用价值。”因此，使用可重复使用的充电电池，也能为环保作贡献。

以下是如何有效、正确使用充电电池的几种方法，供同学们参考：

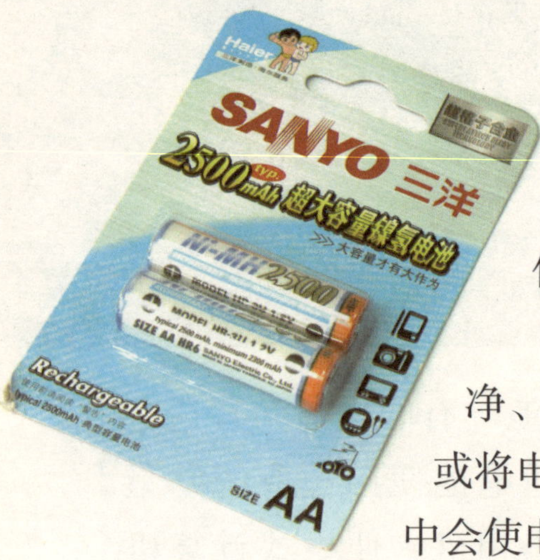

1.仔细阅读电池说明书，按操作规程操作。

2.将充电电池和充电器放到干净、干燥、阴凉的地方，不要加热电池或将电池丢入水中或火中，将电池放入水中会使电池失效，将电池放入火中会使电池破裂，或发生激烈的化学反应爆裂伤人，或产生一些有害的气体和烟尘等。

3.每次使用充电电池时，需检查电器及电池的接触件是否清洁。

4.不要将新、旧电池或不同型号电池混用，特别是不能将干电池与充电电池混用，这样会减少充电电池的使用效率和寿命。

5.不要拆卸电池，或试图用尖锐利器刺穿电池，因电池内部电解液会伤害皮肤和衣物。

6.电池充满电后应断开电源开关，以免因发热而起火。

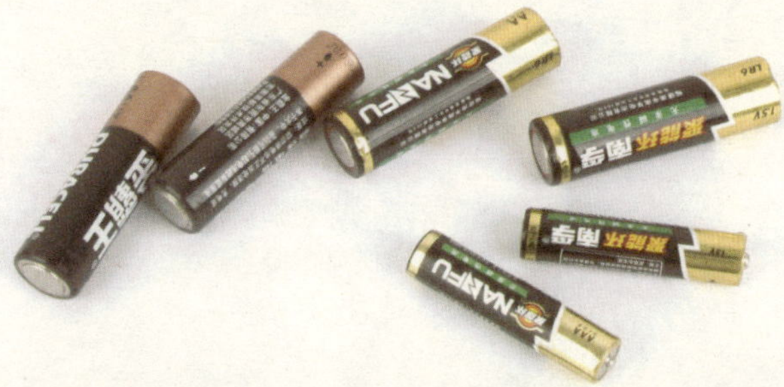

7.如长期不使用装有充电电池的电器，可将充电电池取出保存，电池保存时，最好不要与金属物体混放，包在外边的绝缘膜也不要随意撕掉。

减少环境污染，请使用充电电池

8.不能反向充电，反向充电等同于过放电，过放电会使电池内部发生不良反应并导致电池的严重损坏，生成大量气体，很可能会使充电电池发生化学泄漏。

9.不要将电池正负极插反，否则会导致电池鼓胀或破裂。

电池

一水多用好处多

在古代，有一小官吏到外地送书信，在路上，他歇宿在一个客栈里。客栈里的一口水井为往来的客人提供了很多方便，当然小官吏也喝井水，但这个小官吏很自私，第二天早上离开客栈前，顺手便把马吃剩下的残草败根倒在了水井里。小官吏长途奔波送信，一个月后又再次投宿这家客栈，他又累又渴，便从水井里打水上来喝。由于天黑看不清水桶里的水，他喝的又很急，结果不小心喝进去一根草秆。草秆卡在小官吏的喉咙里，吞又吞不下，吐又吐

重视水资源的延续

不出，没多久，小官吏就一命呜呼了。而这草秆正是他倒在水井里的。古人为了吸取小官吏的教训，便告诫后人："千年井，不反唾。"这就是告诫人们不要弄脏水源的意思。从这个小故事可以看出，早在我国古代，就懂得保护水资源、爱护自然环境了。

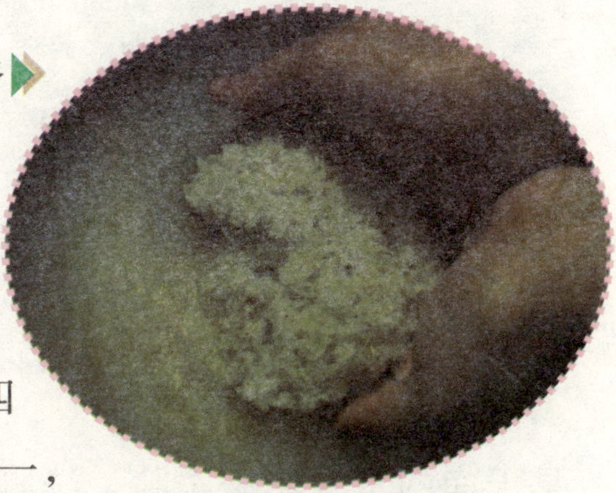

淘米水用处多

虽然我国地大物博，但实际上我国是水资源相当缺乏的国家。我国人均水资源不足世界人均水量的四分之一，是12个缺水国家之一，并且我国水源的分布极不均匀，全国600多个 城市半数以上缺水。近年，我们大部分人已对缺水的状况有所体会，比如近年全国多地出现百年难遇的特大干旱灾难，使我国面临着严重的水资源危机。既然水源如此缺乏，我们就应该养成节约用水的好习惯，尽量做到一水多用，减少污水的产生。

浇花也环保

只要我们想做环保有心人，那么在日常生活中就会摸索出很多一水多用的办法。以下介绍几种一水多用的小方法，供同学们参考：

1.淘米水洗菜，再用清水清洗，

节水

不仅节约了水，还有效地清除了蔬菜上的残存农药。洗完菜的水还可以冲洗厕所。

2.淘米水、煮过面条的水，用来洗碗筷，去油又节水。

3.开燃气热水器的时候前面的冷水用盆攒起来，这是干净的水，用来洗脸、洗脚、冲马桶、洗衣服，随便做什么都行。

4.夏天给室内外地面洒水降温，尽量不用清水，而用洗衣之后的洗衣水。

5.自行车、家用小轿车清洁时，不用水冲，改用湿布擦，太脏的地方，也宜用洗衣过后的余水冲洗。

6.浇花也能省水。浇花前，在花盆底下放个托盘，渗出来的水便被储存在托盘中，这样既不会弄脏地板，还能将渗出的水再次用来浇花。淘米水、茶水、养鱼的水浇花，能促进花木生长。

7.洗衣水洗拖把，擦地板，再冲厕所。第二道清洗衣物的洗衣水擦门窗及家具、洗鞋袜等。

8.洗脸水用后可以洗脚，洗脚后的水可冲厕所。

可以用洗过衣服的水拖地

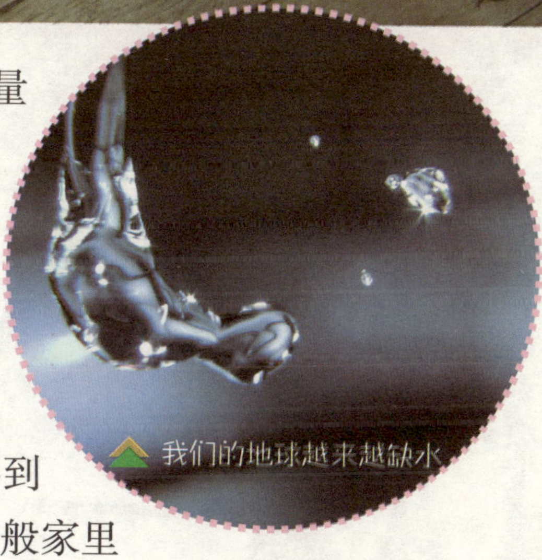

我们的地球越来越缺水

9.便后冲洗厕所，尽量不开大水管冲洗，而充分利用使用过的“脏水”。比如，①把洗脸池的卜水管接到马桶水箱里，这样洗手的水就直接冲马桶，接不到马桶水箱里的话，接到水桶，然后冲洗厕所。②一般家里的空调都会滴水，滴下来的水完全可以“变废为宝”，用来冲厕所。在空调管子下面放个水桶，一晚上能接大半桶水。③家中预备一个收集废水的大桶，收集洗衣、洗菜后的家庭废水冲厕所，它完全可以保证冲厕所需要的水量。

别让水龙头哭泣

相信同学们一定会经常遇到这种情况：一位同学洗完手，不关紧水龙头就匆匆离开，而水龙头的水却滴答、滴答……往下滴水，很多同学对这种现象也是视而不见，更有人认为几滴水不值钱，没什么关系。可是大家有没有想过，有时几滴水足以让一个人的生命得以延续，涓涓的细流也可以汇聚成河。

一个关不紧的水龙头，一个月可以流掉1～6立方米水。而全球有无法计算的水龙头，加在一起可不是个小数目。虽然地球表面有71%以上的面积是水，但全球的淡水资源极其有限。全球有地表水 13.85亿立方千米，但其中有97.2%是不能利用的咸水，2%是两极和高山的冰雪以及难以利用的淡水，真正可以供人类利用的淡水资源仅占全球水量的千分之一。可是，全球每年的淡水使用量在不断增加，拥有全世界40%人口的80多个国家和地区缺水，约有10亿人喝不到纯净水，因饮用不洁净水而死亡的人数在发展中国家每年有1000万。因此，在日常生活中掌握一些关于保管好水龙头节约水的常识是很有必要的：

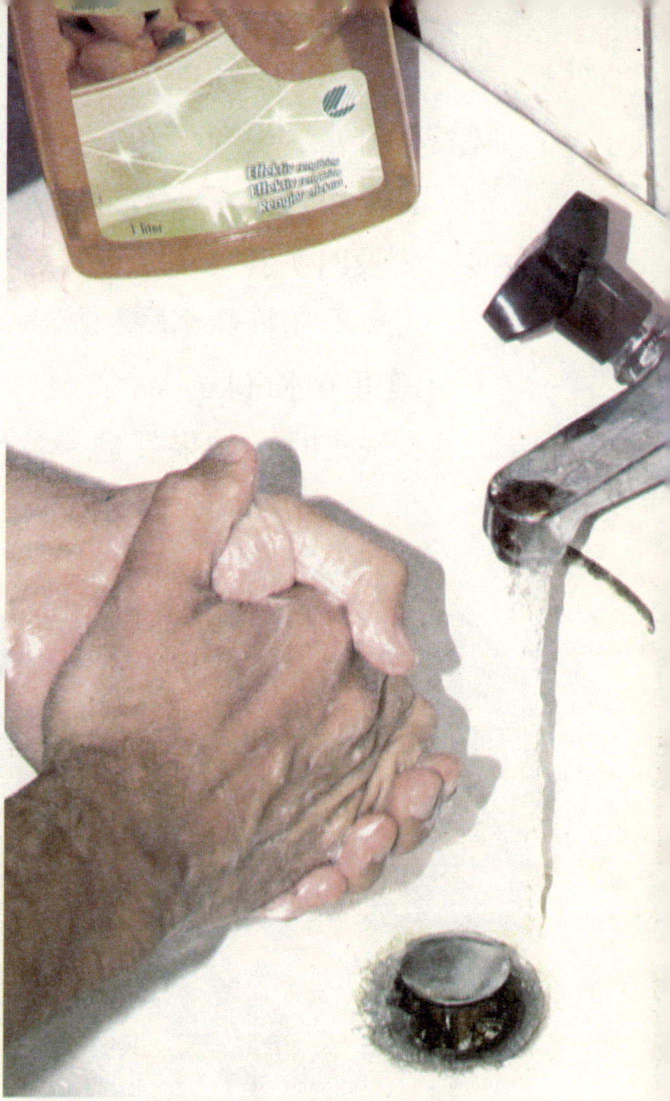

涂抹肥皂时要关掉水龙头

1.家庭洗涤手巾、小物件、蔬菜、瓜果等少量用水时，宜用盆子盛水而不宜开水龙头放水冲洗。

2.在刷牙时把水龙头关上。有些人每天在刷牙时，都是边开水龙头边刷牙，任水一直流着，刷牙用了三分钟，水也就一直流了三分钟。如此算来一个四口之家每次刷牙将耗费60升水，一年则可以注满109个浴缸。

3.在用过水后、洗手、洗脸、洗脚打肥皂和洗完间歇时，要及时关掉水龙头。

4.洗澡在打沐浴露、擦香皂时，请关掉水龙头，这样洗一次澡可节水60kg。

5.洗菜时，如果一盆一盆地洗，不要开着水龙头冲，一餐饭可节省50kg。

请拧紧水龙头，不要让水龙头哭泣

6.马桶漏水要即时修理。据测算，一个漏水的马桶，一个月要流掉3～25立方米水，如果一个城市有20万个马桶漏水，一年可损失上万立方米的水。

7.经常检查自来水管的水龙头和水管，看看是否漏水。据测算，即使是漏一小滴水，一个月就白白流掉5677升。

8.正在用水时，如需开门、接电话等应及时关水龙头。

9.水龙头使用时间长有漏水现象，可用装青霉素的小药瓶的橡胶盖剪一个与原来一样的垫圈放进去，可以保证滴水不漏。

10.控制水龙头流量，改不间断冲洗为间断冲洗。

同学们，水是人类生活必不可少的资源，没有了水人类将无法生存，花会枯萎，河流干涸，万物都会不存在。

2010年，大家都目睹了西南地区发生的特大旱灾，使灾区人们的生活陷入困境，所以千万不要等到我们面临灾难的时候，才想到节约用水，要防患于未然。在此呼吁同学们一定要节约用水，看到水龙头在滴水，请跑步上前将其拧紧，不要让最后一滴水成为我们的眼泪！

刷牙也要省水

小知识

每年的3月22日为“世界水日”。我国政府自1994年起把“中国水周”的时间改为每年的3月22日～28 日，目的是增强公众对开发和保护水资源的意识，加强水资源保护，解决日益严峻的缺水问题。

保障清洁水源，创造健康世界

多淋浴少泡澡

人们工作或学习了一整天，回到家泡个澡，肯定会让人觉得神清气爽。但有几个人能想到洗澡带来的环保问题呢？我国是缺水严重的国家，工农业和城市生活都缺水，每年因缺水造成农业减产约1500亿～2000亿斤，工业损失约2000亿元，即使在缺水严重的情况下，不管是居民用水还是工业用水都十分浪费，主要是大家没有节约用水的意识，总觉得自己洗个澡，会用多少水，其实每一滴水，天长日久，日积月累，就是一个叹为观止的数字。我们来算一笔小账，如果每人洗澡节约一升，按一家四口来计算，全年要节省多少水，而全国一年又要节约多少水？因此，我们要学会节约每一滴水。在洗澡问题上，我们提倡多淋浴少泡澡。

淋浴较盆浴省水

所谓“淋浴”就是指洗澡时用喷头把水淋遍全身，从而达到洗浴效果。而“泡澡”就是在澡盆或浴缸里洗澡。据调查研究，用喷头淋浴比用浴缸洗澡节省水量达八成之多，但是如果淋浴不得法，过长时间不间断放水冲淋也达不到省水的目的，以下我们介绍几种淋浴节水技巧：

1.洗澡前的冷水用盆攒起来，可以留作他用。

2.学会调节冷热水比例，避免过冷或过热的水白白地流掉，还能节约用电和天然气。

3.不要将喷头的水自始至终地开着，更不应敞开着。

尽量不要盆浴

环保行动之洗澡诀窍少不了

4.尽可能先从头到脚淋湿一下就及时关水，然后全身涂沐浴液或肥皂搓洗，最后一次冲洗

干净。不要单独洗头、洗上身、洗下身和脚。

节约用水，请选择淋浴

5.家中多人需要淋浴，可一个接一个排队洗澡，能节省热水流出前的冷水流失量。

6.洗澡要专心致志，抓紧时间，不要悠然自得，或边聊边洗，更不要在浴室里和好朋友大打水仗。要记住：时间就是水。

世界无水日，请爱护每一滴水

7.不要利用洗澡的机会“顺便”洗衣服、鞋子。

在用澡盆洗澡时要注意：放水不要满，三分之一至四分之一盆就足够用，或一边打开水塞一边注水。每次用浴缸洗完澡，水不能放掉，这些水可用于洗衣、洗车、冲洗厕所、拖地等。

使用节约型水具——从水具上下节水功夫

水价上涨才会引起人们节约用水，有没有同学曾从环保节能的问题上考虑过节约用水呢？我国的淡水资源贫乏，人均用水量很低，所以节水对我们每一个人来说非常重要。除了要做到随手关闭水龙头、一水多用，杜绝浪费之外，还应使用节约型水具。

水资源越来越稀少

水具不符合节水要求是造成生活用水浪费严重的重要原因。以前我们使用的老式普通的水具用不了多久就会损坏，或出现跑、冒、滴、漏等现象，浪费大量的水资源。据测算，一个不合格的水龙头，一个月流掉1～6立方米水；一个坏马桶，每月浪费3～25立方米水；大量不能迅速启闭、密封件容易受损的大容量马桶，也造成了水资源的浪费。

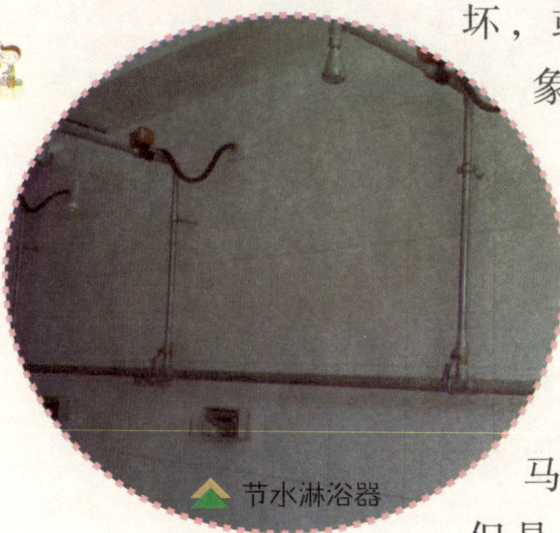
节水淋浴器

但是，更换使用新式的节水型水具、安装限流阀（节水阀）大大地减少了跑、冒、滴、漏现象。据报道，如果全国的城市家庭都把坐便器或淋浴器换成节水产品，每月就有望节水4.9亿吨。从这个庞大的数字可以看出，更换使用节水型水具是多么必要。

我们先认识一下节约型水具有哪些：

马桶

1.节水型水龙头，这种水龙头具有手动或自动启闭和控制出水口流量的功能，使用中能实现节水效果，有些感应式水嘴节水型水龙头，在离开使用状态后应在2秒内自动止水，节省了不必要的浪费。

2.节水型便器，是在保证卫生要求、使用功能和排水管道输送能力的条件下不泄漏，一次冲洗水量不大于6升水的便器。许多居民家庭的坐便器水箱容量很大，冲洗一次，浪费不少水，如果使用节水型设备，每次可节水4～5千克；另外，在使用节约型便器的情况下，还有更省水的办法：①将便器的水箱的浮球向下调整2厘米，每次冲洗可节省水近3千克，按家庭每天使用四次算，一年可节约水4380千克。②在便器的水箱中放一块或两块砖或一个装满水的大饮料瓶，以减少排水量，达到节水的目的。

3.节水型淋浴器，有水温调节和流量限制功能的淋浴器产品，大大减少了水的流失量。

洗衣机

4.节水型便器冲洗阀：使用普通的便器，由于水流小，很难把污物冲洗干净，于是常要反复冲洗，这样用水量更大。而使用安装有节水型便器冲洗阀的便器，具有延时冲洗、自动关闭和流量控制功能，在保证卫生要求的条件下，这种便器一次冲洗水量限制在6升内。现在市场上节水型便器基本都安装这种冲洗阀。

5.节水型洗衣机：如一般洗衣机边注水边冲洗、排水的洗衣方式，洗一次衣服至少要用水约165升。若使用节水型洗衣机洗同样多的衣服，会节约下不少水，因为节水型洗衣机能根据衣物量、脏净程度自动或手动调整用水量，一个标准的洗涤过程中，滚筒式节水型洗衣机用水量仅为14升/千克。

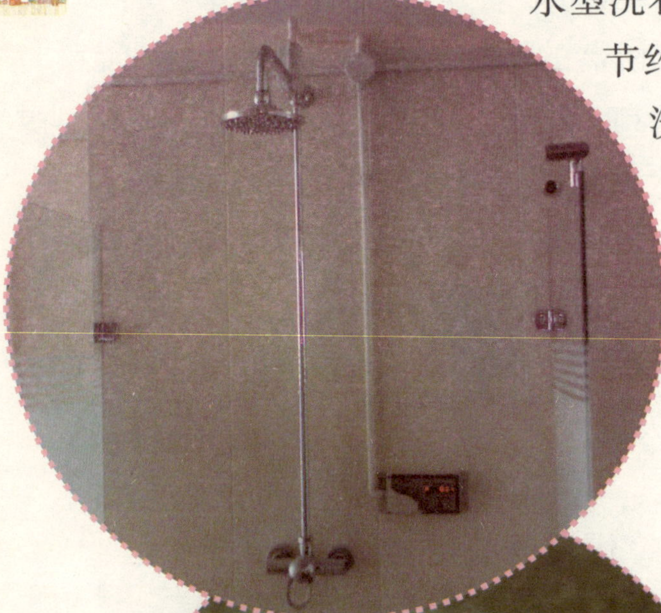

使用节水型水具=节约用水

6.节水型器具，如果在水龙头上安装节水器以调节水流，在洗水果或蔬菜时调到淋浴喷头模式使用时，水流覆盖面广，很温和，不到处溅水，同时还能达到省水的目的。

由于节水器具不仅能提高水资源利用效率，还可以减少污水排放、减轻环境压力，因此，我们提倡使用节约型水具，在生活的细节中使有限的资源发挥最大的效用。同学们可以用上面的办法亲自去实践一下。

如何选择洗衣方式

随着人们环保意识的提高，“低碳生活”成为我们一个熟悉的词汇，而“低碳生活”是什么呢？“低碳生活”是为减低二氧化碳的排放，低能量、低消耗、低开支的生活方式。我们口头提倡“低碳生活”非常容易，但要真正实现“低碳生活”，还得从一点一滴做起。节水是“低碳生活”的一个重要组成部分，而洗衣服作为日常生活中的耗水大户，如何在洗衣服时节水，并且还能满足人们对健康、高品质生活的需求，成为我们最为关心的事情。

洗衣机已进入千家万户，成为普及电器，为了省力、方便，大部分人都选择使用洗衣机洗衣物，虽然它能给你省事，但也有不足，就是用水量要比用手洗多五分之三，还有就是需要消耗电能。怎样尽量节水节电呢？

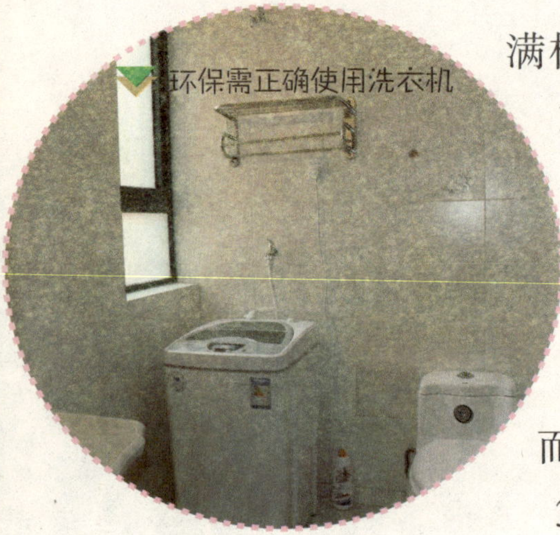

1.建议一次尽量洗多一点，最好积满桶再洗，若分开两次洗，则多耗水120千克，如果只是两三件衣物请坚持手洗。

2.坚持先把衣物上的肥皂水或洗衣粉泡沫拧干，再进行漂洗，减少漂洗次数，达到节电的目的，而且还可节约用水三分之一多。

3.洗衣机洗衣的时间不要太长，恰当地减少洗涤时间，可以节约用电。洗涤时间的长短要根据衣物的种类和脏污程度来决定。一般洗涤丝绸等精细衣物的时间可短些，洗涤棉、麻等粗厚织物的时间可稍长些。此外，还可选择降低洗涤温度、改烘干为自然晾干、减少衣物熨烫等更为环保的洗涤方式，这样达到“节能减排”的效果。

4.使用洗衣机时，强挡比弱挡省电，而且可延长洗衣机的寿命。

5.脱水时间不能超过3分钟，一般洗衣机脱水一分钟脱水率可达55%，因此3分钟脱水足以，时间过多，耗电量很大。

当然，在洗衣过程中，尽量减少洗涤次数，用手洗代替洗衣机洗涤，衣服洗净后，挂在晾衣绳上自然晾干，也可减少二氧化碳的排放。研究显示，平均用手洗代替一次洗衣机的使用，可以减排0.26千克碳；而全国所有的洗衣机每月少用一次，则一年可减排55万吨碳。以下我们介绍几种在手洗衣服时如何做到环保的方法。

在手洗衣时，用洗衣盆洗、漂衣服，这样比开着水龙头节省水200千克。

在手洗衣服时，特别是冬天，大家都有用热水洗衣服，但是这样洗不环保。请用冷水洗衣服，除非衣服真的很脏，否则尽量不用温水洗衣。据了解，若用温水洗衣，85%~90%的能源会消耗在把水加热上，用冷水洗衣服一年还可以帮你省下约700多千克的二氧化碳排放。

浪费粮食——行为可耻

商家为了促销，使用了各种方法，诱惑大家去买更多的、新出的、更高级的消费品。目前大家生活条件好了，也有能力去消费，但浪费现象也层出不穷，特别是粮食浪费现象尤其严重。也许你并未意识到自己在浪费，也许你认为浪费这一点点算不了什么，也许你认为我国地大物博，以至于看不到浪费粮食对周围环境所造成的重大损害。我国是一个人口大国，现在人口已超过13亿，每年的净增长是1200万人；人均耕地面积1.2亩，是世界人均值1/4，加上目前耕地面积正以每年30多万亩的速度减少，全国40%的城市人口消耗的粮食依靠进口。如果每人每天

粮食资源有限，请不要浪费

浪费1元，一年全国就浪费了4745亿元；如果每人每月浪费500克粮食，一年全国就浪费了65万吨粮食。如果我们每天都能够节约一点点的话，就会积小成多，积水成海！

吃不完的饭菜要打包带回家

据报道，有一群中国富人去德国考察，他们认为德国是一个发达国家，人们的生活一定是纸醉金迷。他们去餐厅就餐，看到餐厅里所有的德国人吃得很简单，他们却点了一大桌的菜，结果还有三分之一没有吃掉。当他们结完账走出门口时，却被餐厅里客人叫住，说他们太浪费，他们不但不接受，反而认为餐厅的客人多管闲事。于是，餐厅里的客人向社会保障机构打电话。之后社会保障机构的工作人员来到现场，问完情况后，工作人员拿出罚单，开出50马克的罚款。理由是，中国富人太浪费，虽然钱是自己的，但资源、环境是全社会的，我们没有理由浪费，吃饭应当是需要吃多少，就点多少。这个报道告诉我们，一个富有的国家，人们还有节约粮食的意识，而我们并不是一个资源丰富的国家，平时吃饭、请客，不管几个人，总是一大桌，我们得好好反思一下了。是不是应该改掉我们浪

世界粮食日，节约粮食、爱惜粮食

不挑食，不浪费

费的习惯，树立“大社会”的意识。

浪费粮食，不但浪费资源，还会造成环境污染。我们在烹调食物时，需要使用煤炭、树木、天然气等能源，并且还会产生许有有害气体，影响人们生活环境。现在我们吃饭不是为了温饱，还讲究色香味美齐全，要做一顿美餐，需要各种食材，这需要从很远的地方运送，这其间会浪费汽油，并且还会产生大量的汽车尾气，有害人们的身体和生存环境。

因此，我们每个人都有节约粮食的义务，而不是说我们的生活好了，你浪费得起，就可以浪费。我们反而应该有“大社会”意识，不要“穷讲究”，节约粮食、珍惜粮食。只要存有节约的意识，其实做起来很简单，下面介绍几个节约粮食的好习惯：

1.珍惜粮食，适量订餐，避免剩餐，减少浪费。

2.不攀比，不讲究，不摆阔气，以节约为荣，浪费为耻。

3.吃饭时吃多少，盛多少，不扔剩饭剩菜。

4.看到浪费现象，做一个上面我们故事当中所讲的餐厅客人，勇敢地起来制止，尽量减少浪费。

5.做节约宣传员，向家人、亲戚、朋友宣传浪费的可怕后果，及时制止浪费粮食的现象。

6.不偏食，不挑食。

7.到饭店吃饭时，吃多少，点多少，若有剩余的要带回家。

小知识

联合国把每年的10月16日定为世界粮食日，目的是让人们时刻记住节约粮食、爱惜粮食。

浪费粮食可耻

多种植物——净化空气

自古以来，花草树木等绿色植物一直在默默地改善和美化着人类的生活环境，它是地球生态平衡的支柱。但是，以前人们根本没重视它们对于人类的重要性，总是无休止地去掠取，肆意毁坏，使绿洲变戈壁、沙漠。如今恶劣的天气引起了我们的重视，政府和各个环保团体、人士提倡爱护花草树木，多植树，多种花草，但毕竟只有少数人有这种意识，要人人加强这种意识，还需要我们每一个人努力。

破坏环境等于毁灭自己

首先，我们讲讲绿色植物对人类赖以生存的地球环境的重要作用，让同学们认识到如果地球上没有花草树木，那么包括人类在内的许多生物将无法在地球上生存。

1.绿色植物可以吸收二氧化碳，制造氧气。据测定，每公顷森林和公园绿地，每天可分别吸收900千克二氧化碳。我们知道二氧化碳浓度升高，温室效应将使海平面上升，并且多种灾害频发，而植物可减少二氧化碳的产生，可调节地球气温。绿色植物在吸收二氧化碳的同时，还可释放人类所赖以生存的氧气。据测定，每公顷森林和公园绿地，每天可释放600~750千克的氧气。一个成年人每天呼吸2万多次，吸入空气15～20立方米，需要氧气约0.75千克，每人则需要10平方米的林地或25平方米长势良好的草坪提供所需的氧气。

2.绿色植物起到防风固沙、吸收粉尘的作用。生活在北方的大多数同学在每年春天都能感受到沙尘暴的威力，这主要由于北方有些地方过去过度放牧、过度砍伐，导致土地沙化、沙尘暴肆虐。据测算，在风害区营造防护林带，在防护范围内风速可降低30%左右；有防护林带的

让我们的环境充满绿意

农田比没有的要增产20%左右。另外，在有绿色植物的街道上，空气中的含尘量要比没有绿植的地区低56.7%，草地上空的粉尘量只有裸露地的1/6~1/3。

3.绿色植物起到保持水土、涵养水源的作用。据测算，森林覆盖率30%的林地，水土流失比无林地减少60%。

4.绿色植物起到调节气候、增加降水的作用。据测算，一棵中等高大的树，一年要从土壤中吸水近4吨，在夏季每棵树平均要蒸腾2吨水分，森林上空的空气湿度比无林区高达10%～25%左右；而夏天有绿色植物的地方地温一般要比无植物的场地中低10℃～17℃，比柏油路低12℃～22℃；冬季草坪地表平均气温高3℃～4℃。另外，林地的降雨量比无林地平均高16%～17%，最低多3%～4%，如此算来，如果我国西北地区多种绿色植物，其干旱缺水状况就能得到解决。

5.绿色植物起到吸收毒物、杀灭病菌的作用。许多植物

植物是氧气的生产专家

能分泌杀菌素，杀死周围的病菌，如桉树分泌的杀菌素能杀死结核菌、肺炎病菌等；一棵松树一天一夜能分泌2000克杀菌素，可杀死白喉、痢疾等病菌；柳树散发的芳香物质是天然的“杀菌素”。

6.绿色植物起到减弱噪音的作用。实验证明，10米宽的林带可降低30%噪音；250平方米草坪可使声音衰减10分贝，如果我们城市多种绿色植物，那么我们的世界将会更安静。

防风固沙、涵养水源，绿色植物必不可少

除此之外，绿色植物还起到美化环境的作用。许多植物散发的芳香，给人以赏心悦目、心旷神怡的感觉。据调查，凡是环境绿化美好的地方，事故发生率减少40%，工作效率可提高15%~35%。

既然绿色植物能给我们带来如此之多的好处，我们就应该多种花草树木，不砍伐树木、毁坏花草。让我们一起行动起来，保护环境、爱护身边的花草树木，多种一棵树、少毁一根草，留给我们的子孙后代一个绿色的大地。

拒食野生动物——地球不只是人类

随着人们生活水平的提高，野味成了宾馆、饭店招徕生意的招牌，很多人认为，吃野生动物不仅味道鲜美，而且能滋补身体，有益健康，但实际上野生动物的营养元素与家畜家禽没有区别，反而食用野生动物对人体构成了极大的危害。野生动物身上带有目前科学不能破解的病菌，例如2003年在全国爆发的极具传染性的“非典型性肺炎”（简SARS），专家称产生这种疾病的病菌可能来源于果子狸，当时有多少人命丧于此。另外，如果我们无节制地捕杀野生动物，使其成为餐桌上的美味，我们的生态环境将会因此无法得到平衡。

疾病让我们充满恐惧

野生动物保护日，爱护动物

野生动物是指生存于自然状态下，非人工驯养的各种哺乳动物、鸟类、爬行动物、两栖动物、鱼类、软体动物、昆虫及其他动物。它主要分四类：

1.濒危野生动物，如大熊猫、虎等；

2.有益野生动物，指那些有益于农、林、牧业及卫生、保健事业的野生动物，如肉食鸟类、蛙类、益虫等；

3.经济野生动物，指那些经济价值较高，可作为渔业、狩猎业的动物；

4.有害野生动物，如害鼠及各种带菌动物等。

目前全世界有794多种野生动物，但300余种动物濒临灭绝，除了环境的影响，捕杀野生动物是其灭绝的主要原因，而捕杀的原因有多种，大量的是食用。

虽然政府和野生动物保护协会一再强调不吃野生动物，树立饮食新观念，并且禁止出售野生动物，但仍然有人将吃野生动物当做权势、财富身份的象征，猴脑、熊掌、鹿鞭、娃娃鱼、穿山甲等等无所不吃，导致野生动物这个重要环节的生物链遭到破坏，危及整个生物链。如果单单只是为了满足人类的贪婪，滥捕乱杀，那么必将破坏生物链，影响生态平衡。据报道，中国每年被食的蛇不下6000吨，导致鼠类难以控制，引发过多次鼠灾，并因此每年损失粮食150亿千克，相当于全国人口粮食食用量的总和。当青蛙忙着为人类除害虫时，见利忘义的人类却将其捕捉卖到市场，成为下酒菜。大量捕蛇、蛙，造成我国粮食减产一成。

请停止滥捕乱杀动物

除了政府需加强立法、加大执法力度保护野生动物外，作为地球的一员，我们有义务提高保护意识，呼吁大家保护野生动物，从自己做起，从拒吃野生动物做起。因为，地球上不能只有人类，保护野生动物也是保护人类自己。

小知识

每年的10月4日是世界野生动物保护日，目的是为了提倡大家珍惜动物、爱护动物。

不要让野生动物成为我们餐桌上的美味

不要虐待人类的好朋友——动物

人类也是动物的一种，只是由于其社会属性高度发达才居临于众生之上。动物为我们提供饱暖之需、精神安慰和身心享受，满足着人类的生活需求。所以，我们应怀着虔敬之心、感恩之情对待动物，确实必要时可以利用，但不可虐待动物。

造成身体上的伤害是虐待，造成心理上的恐惧，迫使他人做不想做的事也是虐待。动物是人类的朋友，我们不应伤害动物身体，也不应该伤害动物的心理。请爱护动物，善待动物！下面介绍几种同学们在生活会遇到的善待动物的做法：

放动物一条生命，就是给自己留一条生路，请爱护动物

1.不干扰野生动物的自由生活。任何地方，只要环境适宜都会有动物光顾，但是许多人往往贪婪、野蛮，见到动物就想抓起来，甚至吃掉，所以人类成了所有野生动物共同的天敌，成为动物眼中的恐怖分子。而地球上每一种生物均享有平等的生存权，享有自由的空间，因此请给动物们自由的空间，善待动物不要打扰它们的生活。

2.观鸟不关鸟。许多人总认为，将鸟关进笼子，饲养它就是关爱它，实际上这是剥夺了鸟儿的自由，是折磨它。另外，只是满足了个人爱好，笼养违背了生态规律，更导致自然界生态链的断裂，因为大多数鸟类是食虫专家，鸟被人们捕杀后，昆虫就会因失去天敌而泛滥成害。目前虽然科技发达，抑制虫灾有各种农药，但是农药本身严重污染环境。因此，我们提倡在尽量不干扰鸟儿自由活动的前提下到户外观鸟，切勿关鸟。

3.不给动物投喂食物。同学们去参观动物园、饲养区或保护基地，怀着一颗关爱之心，带着自己平时最喜

动物跟人类生活不一样，请不要私自给动物投喂食物

欢的食物去喂动物，看起来是一件很好的事，事实上你这种行为只会给动物带来伤害。因为动物不像人类，不属杂食动物，不是任何食物都适合它，如果动物吃了投喂的食品，会影响其体质和营养均衡，甚至影响正常繁殖，还容易传染疾病。因此，在不懂动物的需求时，不要随便给动物投喂食物。

放飞

4.不恫吓动物。每一种动物都像人一样需要尊重，更何况很多动物生性胆小，如果以过分的突然的动作恫吓动物，会给动物造成精神上的伤害。总之，同学们要爱怜动物，不要拿动物的痛苦取乐。

5.见到诱捕动物的索套、夹子、笼网果断拆除。由于许多动物都有很高的经济价值，促使人们四处投下“圈套”捕捉动物，但是这种行为是可耻的，是不利于生态环境的。我们希望同学们行动起来，见到诱捕动物的索套、夹子、笼网，在保证自身安全的情况下，果断拆除，并制止这类既违法又违背道德的行为。

6.不围观街头耍猴。耍猴是旧社会遗留下来的一种陋习，它是以牺牲动物尊严为代价博取快乐，这不仅不利于动物的习性，还会给动物的生理、心理造成巨大伤害。并且，对围观者，特别是青少年心理也会产生负面影响。因此，我们应予以抵制或举报，不围观，不捧场。

爱鸟

7.不把野生动物当宠物饲养。野生动物生性是自由之物，其不受人类支配，并且其有生存的能力，我们应该尊重和顺应其生活方式，这是对动物最好的关爱。

8.观察身边的小动物、鸟类，并为之提供方便的生存条件。由于人类对环境的破坏，导致许多动物无栖息之地，因此我们人类有义务，为身边的动物提供方便的生存条件，比如在自家窗台上安放了巢箱，投放了一些食物和水，便于小鸟生存。

9. 拒食野生动物、拒买野生动物制品。因为吃野味、穿皮毛衣，就变成了间接屠夫，也是在破坏生态环境。

由此可见，同学们不仅自己不去伤害动物，也要提醒身边的人要保护动物，如果看到有虐待动物的行为，在保护好自己安全的情况下，也要勇敢去制止。

不收集动、植物标本

标本就是把活的动物、植物杀死后制作，使无价之宝变成有价的物品。少数研究者为了研究目的采集标本，制作和购买标本对认识自然有益，也构不成对自然的破坏，对人类的科学研究、教学确实起到了巨大的作用，但不是每一个动物、植物标本都对人类有益，反而对人类是一种灾难。如今自然平衡已相当脆弱，大自然成了需要人类保护的对象，再随意采集标本自然界已经难以承受。如果我们还不引起重视，必将会破坏生态链，引起环境灾难。

美丽的标本后面隐藏着环境灾难

捕蝶

但是，近年许多学生不但没有注意到收集标本对环境的破坏，反而迷上了收藏标本、制作标本。为了制作标本，在野外随意大量捕鸟、扣蝶、拔草、采花等等；为了收藏标本不但自己制作，还大量购买标本，导致标本市场生意红火，增加了更多的人去残杀动、植物，破坏自然平衡。

要知道，制作一件栩栩如生的标本只是人类认识自然的一种手段，而不是为满足人的占有欲。现在科学技术手段如此发达，相机、摄影机也非常普遍，就地拍照或摄像，比看标本的效果更好。另外，我们不要上一些商人的当，因为一些商人以赚钱为目的，希望每个人都购买标本，以赚取更多钱财。我们建议同学们不自己制作、购买标本，应该自己去一些大博物馆或动物园参观标本。当然，也要提醒人们注意保护动、植物，不让动植物成为别人刀下的实验品。

用相机记录动物，而不是制作标本

滥烧物品、垃圾有害环境

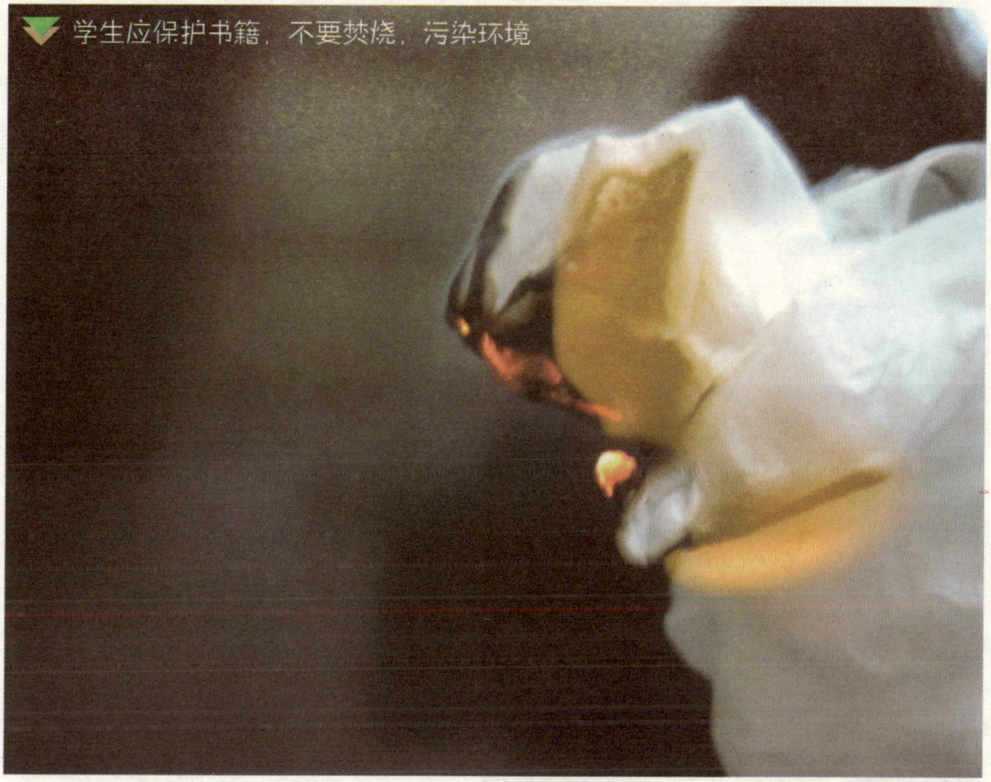

学生应保护书籍，不要焚烧，污染环境

大量的煤、天然气和石油燃料燃烧时产生的过量二氧化碳就像玻璃罩一样，阻断地面热量向外层空间的散发，将热气滞留在大气中，形成“温室效应”。“温室效应”又使全球气温变暖，产生灾难性干旱和洪涝，并使南北极冰山融化，导致海平面上升。生活中，同学们最常见的纸、塑料等物品及垃圾的燃烧，也同样会污染环境，而且它的污染物比煤、石油、天然气等燃烧生成的污染物更多、更复杂、毒性更大。因为有毒物品、垃圾焚烧同样会产生二氧化碳、硫和氮等有害气体污染大气，同时，我们在燃烧过程中，并未安装过滤装置，有毒气体直接排放到空气中，危害更大。另外，燃烧后的含有重金属灰土进入土壤后，会对土地和地下水造成污染。此外，也有很多火灾系滥烧行为导致的。因此，我们不能滥烧有毒物品和垃圾。下面我们重点介绍同学们在生活中经常接触的纸制、塑料、橡胶制品或垃圾以及树叶、树枝等燃烧对人体和环境的危害：

树叶燃烧产生有害物质，不要随便燃烧

1.燃烧纸制物品或垃圾对人类的危害。燃烧纸制物品或垃圾会产生烟尘、二氧化硫、氮氧化物、多环芳烃等对人身有害的有毒气体，会污染空气。废纸在燃烧时，除产生一氧化碳、二氧化碳等有害气体外，还会向空气中排放铅等有害金属，危害人的身体健康。另外，废纸中含有一些油墨，里面含有铅和其他有害物质。

2.燃烧塑料、橡胶物品或垃圾对人类的危害。塑料、橡胶物品或垃圾燃烧时气味难闻，会释放多种有害物质，其中最主要的有害物质就是被称为“地球上毒性最强的毒物——二恶英”，二恶英容易导致人体癌变、畸变、皮肤损伤等疾病，影响发育。因此随意焚烧塑料、橡胶的物品或垃圾会严重危害人类健康和生态环境，是一个不容忽视的大问题。

3.燃烧落叶树枝对人类的危害。树叶本身能吸收和蓄积一些有害物质，同时还积存不少灰尘。燃烧时，树叶上的一些有害物质会随烟雾排入空气，还会产生大量的污染环境的气体。

因此，不应随意地焚烧物品和垃圾。落叶树枝直接填埋就可以作肥料，纸可重复利用，废旧纸制和塑料、橡胶应回收进行处理，这样既可节约资源，又能减少环境污染，还能保障身体健康。

不要随便燃烧塑料等垃圾

购买当地当季产品——健康又环保

现代社会，物质十分丰富，不仅衣服、生活用品等易保存，运送的物资可以跨地区、跨季节购买到，像不易保存的水果、蔬菜，我们同样能在超市、市场上买到。其实当地当季的蔬菜瓜果营养更好，还能减少跨季跨地产品在运送过程中对环境造成的一系列污染。

跨季跨地产品本身就消耗能源、污染环境，在运输过程中同样会面临环境问题。据估计，一顿饭所提供的营养能量不及其运输过程中所消耗掉的化石燃料的热量。在美

蔬菜瓜果

当季当地水果

国曾有专家调查显示，从加利福尼亚用货车运送一棵莴苣到纽约消耗的能量是种植一棵莴苣所消耗能量的三倍。从这个意义上讲，购买本地产品就是保护环境。因此，在住所地附近买东西，购买在离你居住地较近的地方生长或生产的食品，将能够帮助有效利用能源。

大家知道，要吃上跨季的蔬菜、水果，除了跨地区、跨大洋运输外，就是人工培育，大棚种植。大棚种植实际上就是：在夏天种植冬季的蔬菜、水果，通过降温将棚内温度达到冬季的温度；在冬季种植夏季蔬菜、水果，通过加温将棚内温度达到夏季的温度。而降温、加温都是通过电能、煤、天然气等燃料进行温度调节。这个过程会消耗能源，同时还会排除有害气体。

总之，我们应尽量购买当地当季蔬菜、水果，根据当地季节所提供的食品来调整设计你的饮食习惯，尽量不去买需要远距离运输的食品。而同学们需要做的是，向父母、亲戚、朋友、同学宣传购买跨地区、跨季节蔬菜水果对环境的影响，建议购买本地本季蔬菜水果，做到不偏食，不挑食。

举办绿色环保的文艺活动

通过文艺活动，可以培养同学们合作、分工能力，有力地提高同学们的审美观、文化修养和综合素质，因此，同学们应多参加文艺活动。但是参加文艺活动也要讲究环保，不能铺张、奢华，需要的服装、装饰品等活动道具，我们提倡靠租借、旧物利用、循环使用，并且珍惜这些物品，留给下次使用，或主动借与他人使用。

举办活动遵循循环＋节约，明天会更好

学校为了锻炼同学们的德智体美劳各方面能力，经常举办各种活动，或者提倡同学们自主主办文艺活动，为了愉悦氛围，会去购买各式各样的服装、装饰品等活动道具，然而当活动结束后，这些道具也渐渐失去了新鲜。

有些服装可能是奇装异服，很难在生活中使用，永远被放置，失去了它的价值，一些服装、挂饰、彩条很快就成了垃圾。然而，每一件衣服从原材料的生产、制作、运输、使用到废弃后的处理，既在消耗资源，也在向大气排放二氧化碳等有害气体。有些服装、彩条多数是塑料和纸制品，制作本身就在消耗能源，污染环境。被扔掉后，还继续面临更多环保问题，如有些塑料无法降解，造成土地使用价值减少，而那些纸制的贴画只使用一次就被扔掉，也造成了很大的浪费。

面对活动所需服装、饰品等变垃圾的现状，我们提倡：

1.自己动手动脑，利用废旧的塑料、纸张亲自制作活动需要的道具，当然旧衣物也是制作道具的好材料。

2.如果你所在城市有出租文艺活动、舞会的服装、饰品等道具，最好是租借，重复利用旧物既可节能还能减少垃圾产生。

3.同学、朋友举办活动需要用到你活动使用过的服装、饰品等道具，不要吝啬，主动借给他人或者捐赠他人，废物利用，充分体现它的价值。这种做法一举两得，既帮助

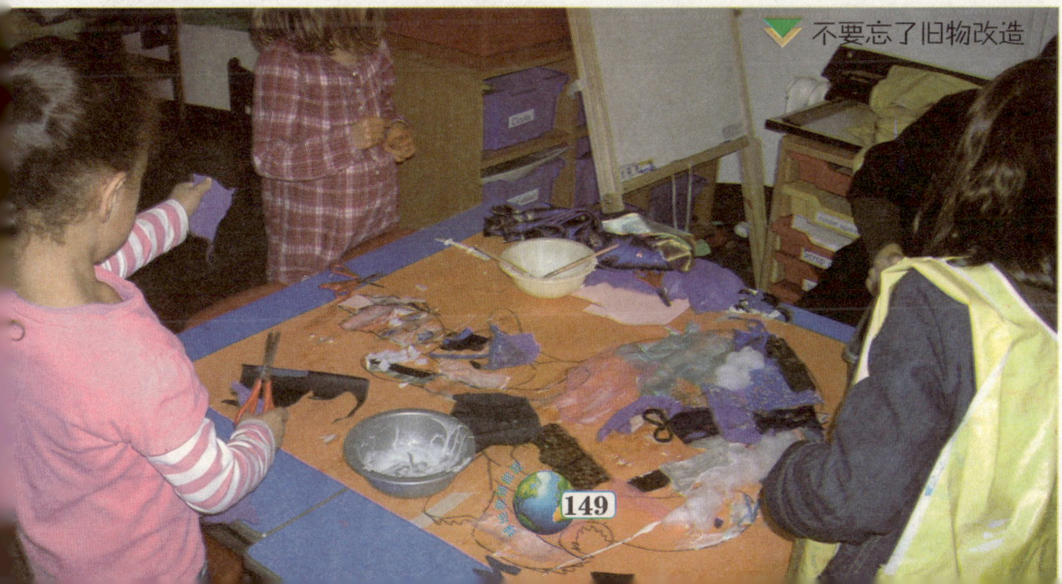

不要忘了旧物改造

了他人，也为环保作出了贡献。

4.对于使用过的活动道品，可以进行式样改造，做出一些样式新颖的翻新道具，减少垃圾产生，又能节约能源。

5.很多饰品都是容易损坏的物品，有些甚至是一次性用品，因此无法循环使用，但是同学们不要当成垃圾随意丢弃，而是应当分类收集，送到废品收购站，收购站送到工厂重新加工，这样可以减少能源浪费的可能，也减少了污染环境的可能。

学校、社会无处不在提倡环保节能，每一个同学都应当具有环保知识和意识。

表演服装

道具也应放入分类垃圾箱

不燃放烟花爆竹——杜绝污染

燃放烟花爆竹是中国人在节日尤其是春节期间必不可少的喜庆活动。俗话说“爆竹声中除旧岁”，就是对传统的春节在鞭炮声中辞旧迎新的最精辟的阐述。父母们为能让我们过一个快乐的节日，也习惯于买一些烟花爆竹来体现他们对我们的爱。虽然燃放烟花爆竹能烘托节日气氛，给我们带来的热闹，但随着人口的日渐膨胀和集中，以及自然环境的日渐脆弱，燃放烟花爆竹已不符合现在的环境情况。

燃放烟花爆竹的弊端很多，显而易见的就是“安全”问题与“环境”问题。每年，我们都有一些中小学生因为燃放烟花爆竹，造成人身伤害，使得原本喜气的节日变得凝重。火灾也是燃放烟花爆竹引起的安全问题之一。当人们沉浸于燃放烟火，几乎失去对火灾理性思考时，焰火酝酿的火灾将会一触即发，悲剧也会同时到来。据统计，每年春节期间因燃放烟花爆竹引起的火灾就占40%左右。

在城市中禁放烟花爆竹，除了安全和防火方面的考虑外，还有一些重要原因：烟花爆竹的集中燃放会产生大量烟尘，产生很多垃圾，造成严重的环境污染，还会浪费大量资源。

1.燃放烟花爆竹产生的大气污染。燃放烟花爆竹会放出大量的一氧化碳、二氧化硫、氮氧化物等气体和各种金属、非金属氧化物，并产生大量的烟尘颗粒。二氧化硫进入大气层后，氧化为硫酸，在云中形成酸雨，酸雨能强烈腐蚀建筑物和工业设备，可导致树木、森林死亡，湖泊中鱼虾绝迹，土壤营养遭到破坏，使作物减产或死亡。而且人们吸收到燃烧时产生的大量粉尘后，对肺、血液、神经等身体器官均有

燃放烟花爆竹会污染大气

害。另外，还会形成城市烟雾，影响可见度。

2.除夕之夜连绵不断的烟花爆竹声对人身体伤害很大。据了解，人们在夜间所能接受的噪音不得超过45分贝，也就相当于蛙鸣声，而高强度的噪音对患有脑血管、心脏病等疾病的病人来说危害十分严重。噪音每增加一分贝，高血压发病率相应增加。另外，我国几乎每年都有因放鞭炮，造成听力受到严重损伤、爆炸性耳聋、听觉迟钝的事例。

3.燃放烟花爆竹还会产生固体废弃物。春节放鞭炮后，垃圾量会成倍增加，加重了节日期间环卫工人的负担。据了解，北京市在禁放烟花爆竹之前，每年春节期间出动的环卫工人数和环卫车辆数都相当于禁放后同期的十几倍。另外，燃放烟花爆竹产生的飞扬的纸屑、烟尘等落在地面上，还会影响清洁卫生。

由此看来，燃放烟花爆竹对环境带来的污染是很大的，我们每一个人都应当为环保作一点贡献，选择更文明的形式欢庆节日，不燃放烟花爆竹，还大地一片宁静，还天空一片蔚蓝。

鞭炮的碎屑很难扫净

清洁还是污染

如今各种洗手液、洗衣粉、柔顺剂等充斥着市场，成为日常生活中不可或缺的生活用品。但实际上洗手液、洗衣粉、柔顺剂等并不如广告所讲的那么完美，不如传统的肥皂和香皂。原因是，洗手液、洗衣粉、柔顺剂等清洗剂，大都是工业合成的，对人的皮肤有害。比如，洗衣粉会加酶，加香，加增白剂等成分，这些化学物质容易造成皮肤老化粗糙，甚至还会引发皮肤过敏；洗手液含碱多，总用它来洗手，赤裸裸地接触手部皮肤，会让柔软的皮肤变得干燥和粗糙；洗洁精、柔顺剂以及洁厕剂等清洗剂，大部分是工业合成的，大多含活性剂和防腐剂，对皮肤伤害很大。而肥皂的主要成分是从动物和植物脂肪中提炼出来再加上碱制成的，天然成分较多，对人体不会有害。即使是香皂，也只是去除了肥皂中的一些杂质，加了点香料而已，所以香皂也是比较天然的洗涤品，对人体伤害较小。

我们洗刷是为了清洁不是为了污染

洗衣液、洗衣粉等会产生大量污染环境的废水

不仅如此，洗手液、洗衣粉、柔顺剂等用后的水排到江河湖海里还会造成污染，而皂类因为主要是天然用料，洗涤后排出的污水对环境的影响也比较小。

洗手液、洗衣粉、柔顺剂、洗涤剂除在制造过程中会产生大量的废水和废气污染环境外，在使用过程中也会排放大量使水质恶化的污水。含磷的洗衣粉排放后，可能导致水体的富营氧化，引发藻类过度生长，水藻的过分生长又造成氧耗竭，以致水域里的鱼虾因为无力与水藻争氧而死亡，被磷污染的江河湖海中，会造成鱼虾大量死亡和水体污染。

另外，现在我们的厨房少不了清洁剂，但是长期不当使用清洁剂，会损伤人的神经中枢系统，使人的智力发育受阻，思维能力、分析能力降低，严重的还会出现精神障

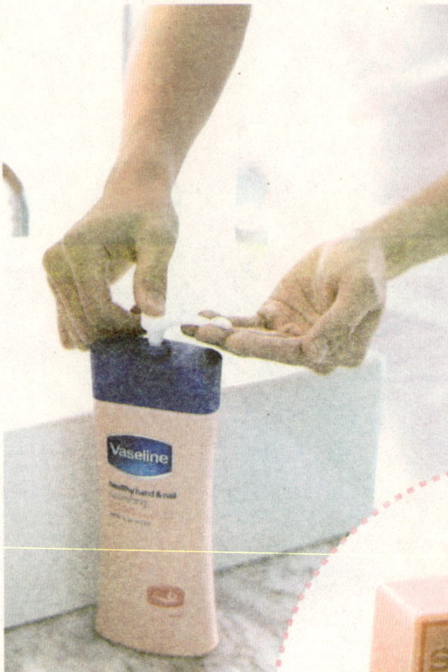

少用洗手液

碍。清洁剂残留在衣服上，会刺激皮肤发生过敏性皮炎。长期使用较高浓度的清洁剂，清洁剂中的致癌物就会从皮肤、口腔处进入体内，损害人体健康。

由此看来，我们生活中所说的清洁实际上是在污染我们的身体，污染我们环境。因此，为了我们的身体健康，为了尽量减轻对环境的破坏，我们大家都应该多使用在生产和使用上对环境影响轻微的肥皂、香皂，少用对环境的影响较大的洗手液、洗衣粉、柔顺剂等。在此我们有几个好方法推荐给同学们：

使用天然洗浴用品

洗衣时，尤其是洗内衣时，最好用肥皂。

平日洗手，用香皂。

对于柔顺剂，如果不是高级羊绒衫或丝绸类衣物，普通的衣物用肥皂稍加揉搓，即可洗净。

少使用清洁剂，刷碗时，用热水或淘米水可以去油；或者用热水加去污能力较强的碱就能去油，但是最好戴上橡胶手套护手；如果没有油时用冷水洗净即可。

少吃肉=健康+环保

在我们的父辈一代，吃肉成了一件奢侈的事，但随着生活水平的提高，餐桌上的肉越来越多，有的孩子甚至没有肉就不吃饭，导致胖子越来越多，尽管发胖可能有许多原因，但过度吃肉肯定是导致发胖的一个重要原因。

肥胖儿童的健康问题成为社会关注的问题

多吃肉类除了带来健康问题以外，还增加了对环境的破坏和污染。人们多吃肉，就要养更多的家畜、家禽来满足人类需求，而饲养家畜、家禽会耗费水、粮食等资源，家畜、家禽粪便还污染地下水源，家畜、家禽呼气、打嗝、放屁也会排放二氧化碳。据专家称，全球牲畜呼气、打嗝、放屁排放的二氧化碳量几乎和全球小汽车排放量差不多。况且，肉类生产、加工、运输期间所排出的二氧化碳量也是很高的。另外，肉类生产、加工、运输还要用掉更多石油、天然气等燃料能源。

曾有美国科学家调查研究发现，在美国，一千克的猪肉要7000克的谷物来转化。我国的这个比例还要更高。谷物生产要占用大面积的耕地，要投入农药、化肥、能源等。生产一千克牛肉消耗的水资源是一千克面包的25倍，会释放出36.4千克的二氧化碳，这比持续驾驶三个小时的车同时又把家中每一盏灯都打开所释放的二氧化碳还要多，而吃同等分量的水果、蔬菜和谷物后，所排放的二氧化碳量仅为吃牛肉的九分之一。

肉类生产、加工、运输是全球变暖的原因之一

科学家称，仅靠提高能源使用率、增加碳收集以及降低农业对矿物燃料的依赖还不足以实现减排目标，如果将肉类主要生产国的家畜产量和肉类消费分别降低30%，则可改善人们健康，同时还能达到减少碳排放。据联合国粮农组织的数据显示，全球18%的温室气体排放来自于肉类生产。另外，过度放牧牛羊还是造成全球荒漠化的最主要原因之一。此外，用毁林开荒来为牲畜提供更多

的生存地，结果造成了世界上大量的森林砍伐，这进一步带来了因毁坏树木而造成的环境破坏。

由此可见，在保证营养的基础上，多吃素少吃肉，不仅有益身体健康，还能减少碳排放量。如果我们更多的人改变饮食，摄入较少量的肉类，那么我们就能大大地减少二氧化碳气体的排放，而且还能节省大量的水资源以及其他宝贵的自然资源。对于那些无肉不欢的同学也可以选择鱼、鸡等肉类，生产一千克鸡肉需2~3千克粮食，4~6千克粮食才能转化为一千克猪肉，所以吃鸡肉对环境造成的压力远小于吃猪肉。总之，只要合理搭配，水果、蔬菜和谷物也可以提供全面营养的饮食。在此，我们呼吁同学们少吃肉多吃菜，为全球环保出一份力。

饮食要合理搭配荤素

养花草种树——净化空气、美化环境

如果我们早晨起来伴着鸟鸣、闻着花草香、呼吸着无比新鲜的空气，相信我们一天都会有好心情，要想实现这种美丽的愿望，每个人都得行动起来，在自己房前屋后、室内养花、种草、栽树。从“小家”来说可以有益健康、美化环境；对“大家”来讲，可以绿化和美化家园、防止水土流失、调节气候，是一项利己利人利子孙的好事。

你在植树节植树了吗

1.在室内养花种草是一种美化环境、环保的行为。花草吸收空气中的二氧化碳，释放出氧气和水蒸气，吸附空气中的尘埃，是自然的空气净化器和加湿器。尤其在很少开窗的冬季，室内的花草对空气的净化作用十分重要；在夏季，如在花草较多的屋内休息，你不必开启空调、电扇就很凉爽。在新装修好的房屋中，花草还能起到吸附有害物质和辐射的作用。因此，同学们，多在室内养花种草，净化室内空气，减少二氧化碳等有害物质的产生，为全球适宜的气候作贡献。

2.无论是人工的还是野生的草坪，都能从一定程度上带给我们美的享受。除此之外，草坪还在默默地为我们作出更多的贡献。草坪不停吸收空气中的二氧化碳，为人类吐出氧气。每10平方米草地所释放的氧气就足够我们一个人的需要。草坪还能吸附大量的尘土，它的覆盖和固定作用使地表营养丰富的土层不被风吹走，还可以避免土壤被雨水冲刷，保留一部分雨水，使之成为地下水，有助于城市的雨水回收。虽然城里的许多同学没有条件有自己的庭院种植草坪，但是在我们生活的周围如城市广场、街道、庭院、园林景点等有许许多多的草坪，我们可以爱护草坪，不随便践踏草坪，看到有人破坏草坪，应当上前制止。

3.树木是我们的“绿色工厂”，可以大量吸收二氧化碳，放出氧气，吸附粉尘、吸收有害气体，如形成酸雨的二氧化硫等。此外，树木还能吸纳噪音，调节气候。研究显示：一棵50年树龄的树，产生氧气的价值约为31200美元；吸收有毒气体、防止大气污染的价值约为62500美元；增加土壤肥力的价值约为31200美元；涵养水源的价值约37500美元；为鸟类和其他动物提供繁衍场所的价值约为31250美元；产生蛋白质的价值约为2500美元；除去花、果实和木材价值，总计创造价值约196000美元。据了解，一棵树一生可吸收约一吨的二氧化碳。如果全球60亿人全行动起来，每人每年只种植一棵树，创造出来的价值就十分惊人。所以，种植树木既可以美化我们的生活环境，又能保护我们的健康。当然爱护现有树木也是我们必不可少的行动。

爱惜草坪

小知识

每年的3月12日为我国的植树节，每人每年有义务植树3～5棵树，人人动手，绿化祖国，改善环境，造福人民。

树木是绿色的屏障

参加活动不乱扔垃圾——保持自我形象、环境形象

经常外出参加活动可以引导同学们开阔视野、增长知识、亲近自然、感受生活，对同学增智拓识很有好处。然而，头疼的是我们所到之处都是五颜六色的塑料垃圾和未吃完的零食及矿泉水瓶、纸屑、塑料袋等，撒满一地，污染了当地的生态环境，还引起周围群众不满。

你注意到你身后垃圾遍布了吗

学校组织的活动往往成为同学们“零食聚会”，爱吃是孩子的天性，同学们吃零食我们无权干涉，但是吃零食后，随意乱扔垃圾，损害了公共环境，却是我们不得不讨论的问题。如果我们吃完零食后，随手乱扔矿泉水瓶、纸屑、塑料袋等废弃物，不但破坏了大自然的美丽景色，如果散落到河流、土壤中还会产生更大的污染。那些塑料袋、饮料瓶大都是不可降解的，如果埋在地里需要200年以上才会腐烂，严重影响土壤的生命力。而一些纸屑、塑料袋一旦遇上大风天气刮到天空，在空中飞舞，降落在树枝上、河流中，影响城市卫生和市容。如果一些未吃完的食物洒落在地上，则容易滋生细菌，给疾病创造了传播途径。因此，我们应该进行一个低碳环保的活动，而不是脏乱的活动。如何实现？我们的建议是：

1.同学们外出活动，少买零食，减少环境污染。许多零食含色素多、高脂肪、高能量食品，维生素和矿物质含量比较少，多吃不利于饮食平衡，造成营养不良，严重时会损害身体健康，同时也不利于环境保护。

2.活动前，多准备几个环保垃圾袋，将吃过用过的垃圾分类入袋，然后分类放入垃圾桶，如果活动地点没有垃圾桶则将垃圾带回家再扔进垃圾桶。

3.铺地上的垫子尽量选择可以重复利用的布料等材质的，活动结束后，好好收起，待下次活动使用。一是可以减少垃圾的产生；二是节约了资源。

4.尽量自带水壶和水，环保又健康。

5.带手帕或毛巾，不带餐巾纸。一是减少了垃圾的产

生；二是节约了纸资源，也相当于保护了森林。

6.自愿做一个垃圾监督员，监督身边同学不要乱扔垃圾，宣传环保。当然看到身边有垃圾，也应该捡起来放入垃圾桶。

在此，我给同学们讲一则报道：媒体将日韩两国看完比赛的场景与我国国内看完球赛的场景相比较，发现，日韩观众看完比赛后，场地上没有一片杂物，而国内一些体育赛场，待比赛完观众一走，垃圾遍地。看完这则报道时，我觉得很羞愧，我国缺少环保意识的人太多，或者有环保意识但有环保行动的人太少。如果我们这一代也只图自己方便乱扔垃圾，这个报道将会再次出现。这样不但损害了自己在别人心目中的形象，而且会被看成一个缺乏责任感和道德修养的人，并且不利于环境保护。希望同学们参加活动时，随身携带环保垃圾袋，分类收集，将垃圾带到垃圾桶内。加强同学们的低碳环保意识，所到之处绝不乱扔一件垃圾，并将这种环保意识宣传给父母和其他人，让大家都来关注环保，关爱地球。

爱护祖辈留下的文物古迹也是环保行动之一

我国有五千多年的历史，祖辈给我们留下许多宝贵的文物古迹。所谓文物古迹就是具有历史价值、科学价值、艺术价值的，遗存在社会上或埋藏在地下的历史文化遗物和遗迹。如被称为“世界第八大奇迹”的秦兵马俑；世界上体积最大的封土陵墓秦始皇陵；世界上保存最大、最完整的皇宫北京故宫；有“东方艺术明珠”之称的敦煌莫高窟等等。文物古迹是祖先给我们留下的宝贵遗产，也是我们生存环境的重要组成部分，因此，保护文物古迹也是保护环境重要工作之一。现在每年都有大量的文物古迹被破坏或走私出境，文物古迹保护面临着十分严峻的形势，而文物古迹保护也同样离不开公众的参与。

中国的标志——长城

我国许多旅游景点就是文物古迹。国家将这些文物对外开放给大众，是为了让人们获得丰富的知识，受到了深刻的教育，提高人们的文化素质。而部分人并没有懂得政府的用苦良心，在满足好奇心后，却没有保护文物古迹，反而实施一些破坏活动。常见的破坏活动有：

1.有些游客、景点工作人员没有遵守景点的规则，将车辆开进限制区，车辆排出大量的废气，严重污染了旅游区的空气，这些废气对文物古迹有着强烈的腐蚀作用。

2.游客在游览过程中，违规踩踏、攀登、抚摸等行为，严重损坏文物。

乱刻乱画，行为可耻

3.游客在文物古迹上乱刻乱涂，更有甚者，用敲砸等手段盗取文物古迹的部件，严重地损害着文物古迹。

我们经常能听到周围的人羡慕欧美国家对文物古迹保存很完整，然而他们也曾经历过破坏时期，是环境意识、法律和社会公德及公众的监督才取得了今日的文物古迹保护的成就。因此，在文物古迹保护上，我们也应当向欧美国家学习：

首先，认识到文物的重要价值和对社会的重要意义，才能增强我们的文物意识，利于文物保护。建议同学们先从了解身边的文物古迹入手，阅读有关资料或向专家请教，弄清楚文物古迹的特点和珍贵之处。

其次，在认识到文物的珍贵之处后，向周围的人广泛宣传，与朋友们组成保护小组做宣传，向文物古迹保护主管部门申请担任志愿者等等，来保护我们身边的这些宝贝。

再次，在旅游文物古迹时，要严格遵守景点规定，不乱踩踏、攀登、抚摸文物，不在文物古迹上乱刻乱涂。另外，看到他人有上述行为时，也要勇敢制止。

最后，及时举报偷盗、破坏文物古迹的行为。文物古迹是全人类的财产，不是某一个人或团体的，如果有人破坏它，我们就是受害者，我们应该学会用法律来保护自己。当发现这种情况时应及时向执法部门举报，并通报给新闻单位，让社会舆论对其进行谴责。

请不要乱刻乱画

总之，只有我们共同参与，爱护文物古迹、保护文物古迹，才能建设出更美好的社会环境。

保护文物需要我们大家一起努力

用环保的方法代替空气清新剂

人类只有一个地球，但是地球正面临着生态危机，只要我们改变自己不正确的生活方式，就能够改善环境，减轻地球的负担，虽然每一个人做的都是一件很小的事，看不出对环保有多少作用，但是积沙成塔、集腋成裘，时间长了就会看出“小力量大”的作用。减少空气清新剂的使用就是一个“小力量大”的环保行为。

室内养花种草，去味、环保

很多人认为，空气清新剂是治理室内、车内空气污染的好方法，所以能在市场上看到各种空气清新剂。其实不然，空气清新剂对我们身体健康和环境都是有危害的。因为空气清新剂通过散发香味来掩盖异味，减轻人们对异味不舒服的感觉。结果，不但没有成功地取代，反而，在空气中增加了同样存在危害的化学成分，这些成分既对人体有伤害，又污染环境。

1.对人体的危害。目前市场上销售的空气清新剂种类很多，基本上都包含乙醚、香精等成分，这些物质本身就是空气污染物，长期使用会引起呼吸系统和神经系统中毒，产生头痛、头晕、喉头发痒、眼睛刺痛等，严重的还会影响儿童的生长发育。据报道，现在市场上的空气清新剂产品还引入新的污染物，如致癌物质苯、甲苯等。

2.对环境的危害。空气清新剂实际上是掩盖了异味，并不能从根本上消除异味，释放到空气中的物质本身就是一种污染物质，而且它自身分解后，又产生危害物质，也是污染环境的物质。而一些卫生香或熏香，点燃后所产生的烟雾微粒也会造成家里空气的再次污染。

因此，为了安全起见，建议大家不用空气清新剂。同学们也许会问：消毒、除臭怎么办？下面我们介绍几种环保的空气清新办法：

1.多开窗多清洁。房屋内的异味大多数情况是由于通风不顺、物体变质引起，因此多开窗、多打扫就能去除异味。

空气清新剂

食醋妙处多，除味、杀菌是其一

无论春夏秋冬，每天均应开窗通气10~30分钟，最佳时间为上午9点、下午3点左右。

2.在室内养花种草也能除臭。在房内摆放绿色植物，可以达到调节空气，消除异味的功效。因为绿色植物可以吸收二氧化碳、甲醛等有毒物质，排放我们需要的二氧化碳，既净化空气，又清新怡人。

3.我们平常炒菜使用的食醋具有一定的杀菌能力，可用做室内的空气消毒。①将食醋放到火上煮沸，蒸汽可以起到杀菌去味的作用。每10平方米空间可用食醋100~150克，加水两倍，放碗内用文火慢蒸30分钟，煮沸熏蒸时，最好将门窗关闭；②用毛巾蘸上稀释了的醋，在室内挥舞数下，对去除烟味也有一定效果；如果用喷雾器喷洒稀醋，效果会更好。③在炒菜锅中放少许食醋，加热蒸发，厨房饭菜等异味即可消除。

泡过的废茶叶渣有妙用，请不要扔掉

4.我们不要扔掉平常泡过的废茶叶渣，将其晒干后，放在房间的角落里或壁橱、抽屉内，可以去除烟味、霉味等异味，还能散发出丝丝清香。

圣诞节不用圣诞树

提起圣诞节，我们就会联想到圣诞老人、礼物，还有圣诞树。圣诞节不是我国的传统节日，它是欧美一些西方国家的传统节日，相当于我国的春节。在西方，当圣诞节来临时，家家户户的家里都要陈设一棵用杉柏之类的常绿树做成的圣诞树，树上装饰着各种灯烛、彩花、玩具、星星，挂上各种圣诞礼物，以增加节日的欢乐气氛。我国改革开放后，加强了国际文化的交流，圣诞节开始在我国盛行，过圣诞节还被年轻一代看做一种时尚。因此，很多人都模仿西方人过圣诞节，而且总觉得过圣诞节不找棵圣诞树就不像过圣诞节，所以也有砍棵小树的想法和行动，这

圣诞树好看不环保，请勿在过节的时候破坏环境

实际上是对环境的威胁。虽然这不是普遍现象，或者还是极个别现象，但是中国古语云“人无远虑，必有近忧”，等大家再来讨论圣诞树对环境的危害的时候，或许它已是严重影响我们的环境时。所以，我们应该防范于未然。

在西方，人们在圣诞节来临之前会到山里或原野上砍下一棵棵树，然后扛回家，插在屋里或院里，并在树上弄些装饰物，就是所谓的圣诞树了。而当节日过去后，树被遗弃一旁，成了烧火之柴或垃圾。这样既浪费资源，又不利于环境。因为，树木可以吸收二氧化碳，释放对人类所需的氧气；树木还可防风固沙，涵养水源，避免水土流失；成片的树木可减低风速、吸附尘埃，吸收硫化物等有

为了环保，请不要再砍“圣诞树”

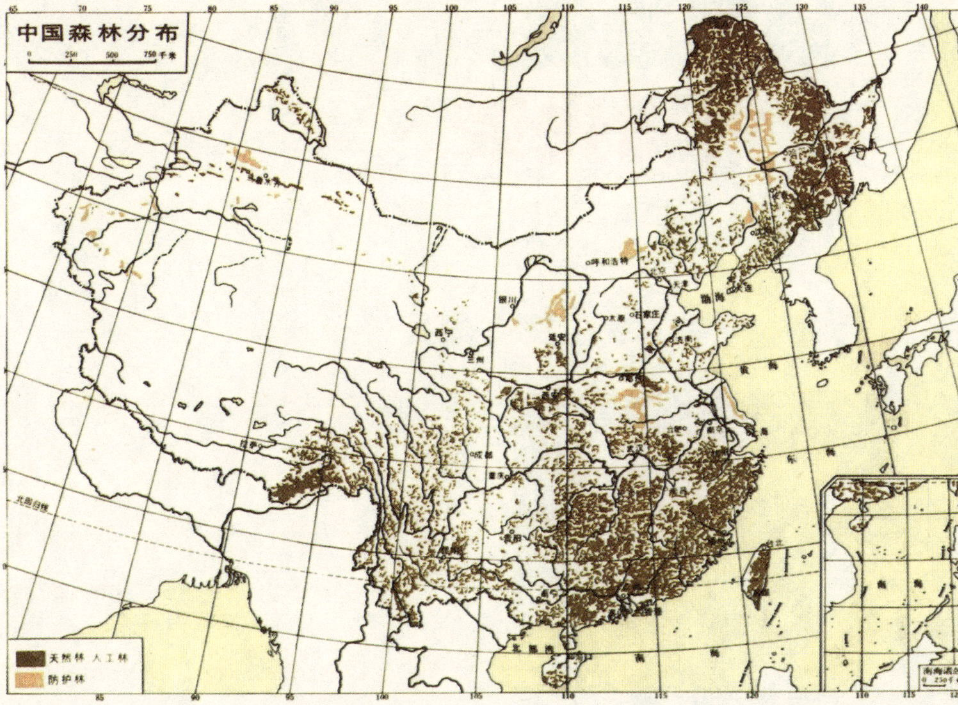

我国森林面积小，资源数量少

毒气体；树木形成城市绿化带还可以吸纳噪音，降低噪声污染；另外，地球上保护生物多样性生命最为活跃的地区就是森林。

如果我们提倡过圣诞节、砍圣诞树则会导致绿色地带越来越少，森林迅速消失。如果失去森林，地球生态系统就会崩溃，人类就将无法生存。而我国是世界上人均森林面积和蓄积量最少的国家之一，属于森林资源贫乏的国家。另外，我国森林质量不高，森林资源分布不均，西南、东南、东北多，西北、华北少，森林灾害频繁，如虫害、风沙等。因此，我们没有砍树过圣诞节的本钱。

另外，即便是人工制作的假树，也同样是浪费资源，污染环境，我们不应养成这种坏习惯。

闲置浪费，捐赠光荣

捐赠光荣，浪费可耻！

气候变暖、环境污染已经成为不争的事实，人们也不得不承认，是人类的工业、生活行为才导致气候变暖、环境污染，人类才是环境真正的凶手。而能阻止全球变暖加速、环境污染减少，拯救人类于水火的也只有人类。在一些发达的欧美国家，也曾经历过严重环保污染问题，他们治理污染的成功经验中很重要的一条就是人人参与，而我们参与的形式是多样的，除了节约用电用水、珍惜纸张、废物利用、回收垃圾等等环保行为外，还可以交换、捐赠、改造多余物品。

1 捐赠多余物品

我国的城市生活垃圾绝大部分并未回收再利用，而是进行堆放、填埋、焚烧，而垃圾的转堆放、掩埋、焚烧等处理过程要消耗大量的人力、物力，且造成严重的环境污染，因此如何处理垃圾问题显得十分迫切。我们应该做的是减少垃圾产生、减少浪费。在生活中，我们经常有一些闲置不用或已经过时淘汰但仍然有继续使用价值的旧衣物、旧玩具、旧书籍等，如果当成垃圾丢弃，会给环境增加很重的负担，还会造成资源浪费。而我国还有很多贫困地区，那里的人们生活水平还很低，我们闲置或淘汰的东西对他们十分有用，应该提倡把仍可利用的物品捐给贫困者。这样既可以帮助贫困者，又可以减少垃圾的数量，还使有限的资源得到最大限度的使用。另外，现在大部分环保团体是公益性的，他们的很多活动因受到经济制约，不能达到最佳效果，所以同学们也可以捐出自己的压岁钱支持环保。但是由于同学们现在的年龄对社会上很多事情都缺乏辨别能力，因此在捐赠钱款时，应当在父母的带领下完成，以免上当受骗。

物品可以和朋友交换

2 改造多余物品

闲置不用或过时淘汰的物品放在家中碍事，如果扔掉则可能对大气、土壤及水源造成了严重污染，不仅破坏了生态环境，而且也严重危害人体健康。因此应变废为宝，应将废物改造成有用物品。比如，上面提到的旧伞面制衣架罩、旧衣制环保袋、废瓶子制小喷壶等等，只要你心中有环保意识，你会在生活中发现许多旧物利用的好方法。

3 交换多余物品

同学们，你们周末抽空整理了一下自己的房间，会发现家里有不少多余的物品。对于这些多余物品，我们可以和周围的同学、朋友、亲

绿色生活，废物改造

戚将自家闲置不用但有价值的东西拿出来大家交换一下，废物有效利用。通过交换物品，增进了大家的友谊，同时也为环保出了一份力。当然对于多余不用的物品也可以低价出售给需要的人，这也是废物利用的好办法。

我们虽不能更改地球资源的有限性，但我们可以通过重新使用来延长它们的寿命，减少环境污染，节约资源。因此，当同学们家里有一些留着无用、扔了又可惜的东西时，你可以通过交换、捐赠、改造的办法，使它们得到再利用，再次体现它们的价值。

认识环保标志、选购绿色产品

标志作为一种图形符号，以它简单、易懂的特征被现代人所广泛应用，起到提示作用。同学们认识环保标志也是了解环保、重视环保、实施环保；通过认识环保标志来增强我们的环保意识，养成正确的环保行为；认识环保标志，对我们认识绿色产品，选购绿色产品，十分有帮助。

在我国，环保图形标志和符号标志大概有：中国环境标志、无公害农产品、有机产品标志、绿色食品标志、中国节能产品标志、中国节水标志、香港环保标签、台湾环保标章、台湾省水标章、回收标志、森林认证、污水排放口、废气排放口、噪声排放源、一般固体废物、危险废物、国际绿色环保标志、绿色市场认证标志、安全饮品标志、中国Ⅰ型环境标志、中国Ⅱ型环境标志等，具体如图所示：

绿色是生命的颜色，代表着充满生机的大自然，了

中国环境标志　　无公害农产品　　绿色食品标志

中国节能产品标志　　中国节水标志　　香港环保标签

台湾省水标章　　回收标志　　森林认证

废气排放口　　噪声排放源　　一般固体废物　　危险废物

污水排放口　　当心泄漏　　当心爆炸　　必须保持清洁

绿色市场认证标志　　安全饮品标志　　有机产品标志　　中国绿色材料标志

中国Ⅰ型环境标志　　中国Ⅱ型环境标志　　中国Ⅲ型环境标志　　国际绿色标志

中国环境保护产业协会　　能效标识

解环保标志是为了让我们过上绿色生活。公众习惯上把与大自然相协调的产品称为“绿色产品”。绿色产品就是未受污染且其生产过程也尽量避免产生环境破坏的产品。它需要由权威国家机构来审查、认证，并且颁发特别设计的“中国环境标志”。标有“中国环境标志”的产品，不但产品质量符合标准，而且在生产、使用、消费及处理过程中还要符合环保要求。

产品的制造就是为了我们这些消费者来购买，直接决定商家的生产方向，如果我们转向购买保护环境的绿色产品，在市场竞争条件下，商家将不会去生产对环境有破坏作用的产品。反之，若我们购买不利于环境的商品，就是支持现在仍然采取对环境有害的方法进行生产的厂家。因此，我们购物时不仅要考虑质量和价格，还应当考虑有关的环境问题和健康问题。因此，为了我们的健康，为了环保，我们也应当购买绿色产品。

总之，环境与我们每一个人相关，同学们不但要通过认识环保标志正确地去环保，而且在购买产品时还要选购绿色产品。如果我们每一个人都有意识地选择和购买绿色产品，就可以促使厂家在生产过程中注意保护环境。另外，向周围的人宣传绿色概念，推广绿色产品，也是同学们需要做的。需要注意的是，目前一些不法商家冒用“中国环境标志”欺骗消费者，同学们在选购时，还要加以辨别。

选购商品是一定要仔细辨别，选购环保商品、绿色食品